U0348345

食用菌
质量安全控制技术

董照锋 ◎ 主编

中国农业科学技术出版社

图书在版编目（CIP）数据

食用菌质量安全控制技术 / 董照锋主编 . -- 北京：中国
农业科学技术出版社，2023.11
ISBN 978-7-5116-6537-9

Ⅰ.①食⋯　Ⅱ.①董⋯　Ⅲ.①食用菌—蔬菜园艺 ②食用菌—
食品安全　Ⅳ.① S646 ② TS201.6

中国国家版本馆 CIP 数据核字（2023）第 215405 号

责任编辑　周　朋
责任校对　马广洋
责任印制　姜义伟　王思文

出 版 者　中国农业科学技术出版社
　　　　　北京市中关村南大街 12 号　　邮编：100081
电　　话　（010）82106631（编辑室）（010）82109702（发行部）
　　　　　（010）82109709（读者服务部）
传　　真　（010）82106643
网　　址　http:// castp.caas.cn
经 销 者　各地新华书店
印 刷 者　北京捷迅佳彩印刷有限公司
开　　本　170 mm×240 mm　1/16
印　　张　10
字　　数　250 千字
版　　次　2023 年 11 月第 1 版　2023 年 11 月第 1 次印刷
定　　价　88.00 元

《食用菌质量安全控制技术》
编 委 会

前言

　　中国特色社会主义进入新时代，国内社会主要矛盾已转化为人民日益增长的美好生活需要和不平衡不充分的发展之间的矛盾，经济已由高速增长阶段转向高质量发展阶段。以习近平同志为核心的党中央深刻把握新时代中国经济社会发展的历史性变化，明确提出实施乡村振兴战略，加快推进农业强国建设。习近平总书记指出，实施乡村振兴战略，必须深化农业供给侧结构性改革，走质量兴农之路。因此，在当前和今后一个时期，我国农业农村改革和完善的主要方向是推进农业供给侧结构性改革，满足人民对安全优质农产品日益增长的需求。

　　食用菌以其丰富的营养价值及独特的健康保健功能深受国内外广大消费者喜爱，越来越广泛地被应用于餐饮、药品和保健品生产，成为国民经济发展的"新兴产业"和新的经济"增长点"，对促进农业产业结构调整，拓展现代农业发展"新空间"发挥着重要作用。2020年4月20日，习近平总书记在陕西省商洛市柞水县金米村考察时指出："你们这里的木耳很出名，靠这个木耳我们脱贫致富，小木耳，大产业。"这给商洛乃至陕西的食用菌产业带来了前所未有的发展机遇，同时也对食用菌产品质量把控、特色品质保持和产品核心竞争力提升等方面提出了更高的要求。商洛市委、市政府深入贯彻落实党中央"质量兴农、绿色兴农、品牌强农"战略和习近平总书记重要指示重要讲话精神，围绕"一都四区"建设目标，大力推进商洛食用菌产业高质量发展，全力打造高品质、有口碑的农业"金字招牌"，用品牌赋能特色农业强市建设。

为了进一步提高食用菌质量安全水平，有效保持产品品质特性，加快提升品牌影响力和市场竞争力，推进商洛乃至陕西食用菌产业高质量发展，商洛市农产品质量安全中心组织有关科技工作者编撰了《食用菌质量安全控制技术》。本书对黑木耳生产管理规范、香菇质量控制技术规范、黑木耳生产HACCP体系的建立、实验室基础知识、食用菌中农药残留检测技术、食用菌重金属污染检测与防控等方面进行了重点介绍，力求内容科学准确、通俗易懂、指导性强、操作性强，为食用菌质量安全控制提供一定的技术参考和借鉴。

本书在编写过程中得到了商洛市委组织部、商洛市科学技术协会、商洛市农业农村局的大力支持，在此表示衷心的感谢。由于编写组水平有限，书中难免有不妥之处，恳请读者予以指正。

编　者

2023 年 8 月

CONTENTS

目录

第一章
黑木耳生产管理规范

一、范围

本文件规定了黑木耳的产地环境、栽培基质、栽培菌种、栽培过程管理、农业投入品管理、废弃物管理、采收和干制、产品检验、包装和标志、贮存和运输及生产记录。

本文件适用于黑木耳生产过程管理。

二、规范性引用文件

下列文件中的内容通过文中的规范性引用而构成本文件必不可少的条款。其中，注日期的引用文件，仅该日期对应的版本适用于本文件；不注日期的引用文件，其最新版本（包括所有的修改单）适用于本文件。

GB 3095　环境空气质量标准

GB 4806.1　食品安全国家标准　食品接触材料及制品通用安全要求

GB 5749　生活饮用水卫生标准

GB/T 6192　黑木耳

GB 7718　食品安全国家标准　预包装食品标签通则

GB/T 24616　冷藏、冷冻食品物流包装、标志、运输和储存

GB 38400　肥料中有毒有害物质的限量要求

NY/T 1276　农药安全使用规范　总则

NY/T 1742　食用菌菌种通用技术要求

NY/T 1935　食用菌栽培基质质量安全要求

NY/T 2375　食用菌生产技术规范

DB61/T 1113.2　黑木耳标准综合体　第 2 部分：黑木耳菌种生产技术规程

DB61/T 1113.4　黑木耳标准综合体　第 4 部分：袋料栽培技术规程

三、术语和定义

下列术语和定义适用于本文件。

1. 黑木耳 wood ear

属于担子菌门 Basidiomycota、伞菌纲 Agaricomycetes、木耳目 Auriculariales、木耳科 Auriculariaceae、木耳属 *Auricularia* 的一类可食用的大型真菌。

［来源：GB/T 6192—2019，3.1］

2. 栽培基质 cultivar substrate

食用菌栽培过程中，为食用菌生长繁殖提供营养的物质。

［来源：NY/T 1935—2010，3.1］

3. 菌种 strain

生长在适宜基质上具结实性的木耳菌丝培养物，包括母种、原种和栽培种。

［来源：DB 61/T 1113.2—2017，3.1］

四、产地环境

1. 环境要求

环境空气质量应符合表 1-1、表 1-2 的规定，生产用水应符合 GB 5749 的规定。

表 1-1　环境空气污染物基本项目浓度限值

序号	污染物项目	平均时间	浓度限值	单位
1	二氧化硫（SO_2）	年平均	60	$\mu g/m^3$
		24 小时平均	150	
		1 小时平均	500	
2	二氧化氮（NO_2）	年平均	40	
		24 小时平均	80	
		1 小时平均	200	
3	一氧化碳（CO）	24 小时平均	4	mg/m^3
		1 小时平均	10	

续表

序号	污染物项目	平均时间	浓度限值	单位
4	臭氧（O_2）	日最大 8 小时平均	160	μg/m³
		1 小时平均	200	
5	颗粒物（粒径小于等于 10 μm）	年平均	70	
		24 小时平均	150	
6	颗粒物（粒径小于等于 2.5 μm）	年平均	35	
		24 小时平均	75	

表 1-2 环境空气污染物其他项目浓度限值

序号	污染物项目	平均时间	浓度限值	单位
1	总悬浮颗粒物（TSP）	年平均	200	μg/m³
		24 小时平均	300	
2	氮氧化物（NO_x）	年平均	50	
		24 小时平均	100	
		1 小时平均	250	
3	铅（Pb）	年平均	0.5	
		季平均	1	
4	苯并［a］芘（BaP）	年平均	0.001	
		24 小时平均	0.0025	

2. 选址要求

生产场地应清洁卫生、通风良好、地势平坦、采光性好、排灌方便，有饮用水源；生态环境良好，周边 5 km 以内无化学污染源，1 km 内无工业废弃物；100 m 内无集市、水泥厂、石灰厂、木材加工厂等扬尘源；50 m 之内无禽畜舍、垃圾场和死水池塘等危害香菇的病虫滋生地；距公路主干线 200 m 以上；远离医院，避开学校和公共场所。

五、栽培基质

应符合 NY/T 1935 的规定。

六、栽培菌种

1. 母种来源

应从具有相应技术资质的供种单位引种。

2. 菌种质量

原种和栽培种质量应符合 NY/T 1742 的规定。应选择经过试验示范且抗逆性强、菌丝生活力强、菌龄适宜、适应性广的菌种。

3. 菌种贮存

原种和栽培种应在温度不超过 20 ℃、清洁干燥通风（空气相对湿度 50%～70%）、避光的室内存放，不超过 20 d。在 15 ℃～20 ℃下贮存时，贮存期不超过 30 d。在 1 ℃～6 ℃下贮存，贮存期不超过 60 d。

4. 菌种扩繁

应符合 DB 61/T 1113.2 的规定。

七、栽培过程管理

1. 栽培场所处理

应符合 NY/T 2375 的规定。

2. 菌袋制备、接种、培养及出耳管理

（1）菌袋制备

按照阔叶硬杂木屑 86%、麦麸 10%、豆饼粉 2%、石灰粉 1%、石膏粉 1% 配方，或阔叶硬杂木屑 80%、麦麸 18%、石灰粉 1%、石膏粉 1% 配方，先将辅料混匀，再倒入拌料机中与预湿的木屑一起搅拌 5 min，边加水边搅拌，搅拌时间不低于 15 min，拌匀后含水量达到 60%±2%，pH 值 7～7.5。采用装袋窝口一体机装料，料袋高度 22 cm±0.5 cm，料袋重量 1.3 kg±0.05 kg。经 100 ℃、10 h～12 h 常压灭菌或 121 ℃、1.5 h 高压灭菌后，菌袋温度降至 50 ℃～60 ℃出锅，移至冷却室。

（2）接种

料袋温度降到 28 ℃以下时进行接种。接种室在正压、百级净化条件接种，采用袋口接种方式接种，液体种接种量 20 mL/ 袋～25 mL/ 袋，固体枝条种接种量 2 根 / 袋～3 根 / 袋。

（3）培养

培养室温度 23 ℃～25 ℃，空气相对湿度 60%～70%。每天通风换

气两次，每次 30 min。间隔 10 d 检查一次，拣出污染菌袋。培养 45 d～
60 d，菌丝长满菌袋，有黑色原基形成，即可划口出耳。每袋划口
100 个～110 个，长度 0.5 cm～1.0 cm。

（4）出耳管理

按宽 120 cm～130 cm、高 15 cm～20 cm 作畦，畦面覆盖带孔塑料薄膜
或稻草；按菌袋间距 15 cm～20 cm，7 000 袋 /667 m²～8 000 袋 /667 m² 排场。

原基分化期 10 d～12 d，遮阴盖膜，温度 15 ℃～25 ℃，相对湿度
85%～90%；幼耳期 7 d～10 d，温度 20 ℃～28 ℃，相对湿度 65%～70%；
成耳期 2 d～25 d，干湿交替。

八、农业投入品管理

消毒剂使用应符合表 1-3 的规定，农药应符合 NY/T 1276 的规定，肥
料应符合 GB 38400 的规定。

表 1-3　消毒剂的常用方法

名称	使用方法	适用对象
乙醇	75%，浸泡或涂擦	接种工具、子实体表面、接种台、菌种外包装、接种人员的手等
高锰酸钾 /甲醛	（高锰酸钾 5 g+37% 甲醛溶液 10 mL）/m³，加热熏蒸	培养室、无菌室、接种箱
高锰酸钾	0.1%～0.2%，涂擦	接种工具、子实体表面、接种台、菌种外包装等
酚皂液（来苏水）	0.5%～2%，喷雾	无菌室、接种箱、栽培房及床架
	1%～2%，涂擦	接种人员的手等皮肤
	3%，浸泡	接种器具
苯扎溴铵溶液（新洁尔灭）	0.25%～0.5%，浸泡、喷雾	接种人员的手等皮肤、培养室、无菌室、接种箱。不应用于器具消毒
漂白粉	1%，现用现配，喷雾	栽培房和床架
	10%，现用现配，浸泡	接种工具、菌种外包装等
硫酸铜 /石灰	硫酸铜 1 g+ 石灰 1 g+ 水 100 g，现用现配，喷雾、涂擦	栽培房、床架
磷化铝	56% 片剂，5 g/m²～7 g/m²，密闭熏蒸	生产前和生产后场所灭虫处理，出菇期不应使用

应有清洁、干燥、安全的专用库房，分类、分区域放置，并标识标记。

应建立采购和使用台账，实行专人管理，保存相关票据、质保单、合同等资料。

九、废弃物管理

应设有农药废液及农药、肥料等投入品废弃包装物的收集设施和存放区。

未用完的农药制剂应保存在其原包装中，并密封贮存于上锁的地方，不得用其他容器盛装，严禁用空饮料瓶分装剩余农药。未喷完的药液（粉）在该农药标签许可的情况下，可再将剩余药液（粉）用完。对于少量的剩余药液（粉），应妥善处理。

盛装过农药的玻璃瓶应冲洗3次，砸碎后掩埋；金属罐和金属桶应冲洗3次，砸扁后掩埋；塑料容器应冲洗3次，砸碎后掩埋或烧毁；纸包装应烧毁或掩埋。掩埋废容器和废包装应远离水源和居所；焚烧农药废容器和废包装应远离居所和作物，操作人员不得站在烟雾中，应阻止儿童接近；不能及时处理的废农药容器和废包装应妥善保管，应阻止儿童和牲畜接触；不应用废农药容器盛装其他农药，严禁用作人、畜饮食器具。

杂菌污染菌包应进行灭菌处理。

十、采收和干制

1. 采收

当耳片充分开放，色泽由黑变褐，即可采收。采收前24 h停止喷水，采大留小。采收及转运器具应卫生干净。

2. 干制

采收后就近干制，干制场所应符合产地环境中的选址要求。

十一、产品检验

应符合GB/T 6192的规定。

十二、包装和标志

包装材料应符合GB 4806.1的规定。

标签应符合GB 7718的规定，产品可追溯。

冷藏包装、标志应符合GB/T 24616的规定。

十三、贮存和运输

1.贮存

置于通风良好、阴凉干燥、清洁卫生、有防潮设备及防霉变、虫蛀和防鼠设施的库房贮存。不应与有毒、有害、有异味和易于传播霉菌、虫害的物品混合存放。

2.运输

运输工具应清洁、卫生、无污染物、无杂物。运输时应轻装、轻卸、防重压，避免机械损伤；防日晒、防雨淋，不可裸露运输；不应与有毒、有害、有异味的物品混装混运。

十四、生产记录

以单个耳棚或栽培品种、生产管理、生育期相同或相近的几个耳棚为单位，建立生产记录，记录样表见附录 A，记录档案应至少保留 2 年。

附录 A

（规范性）

黑木耳生产管理主要记录表

A.1　生产单位基本信息

生产单位基本信息如表 A.1 所示。

表 A.1　生产单位基本信息

生产单位名称					
主要品种					
法人代表		联系方式	手机号码	座机号码	传真或 E-mail
联系人		联系方式			
通信地址			邮政编码		
基地面积（hm²）		生产基地所属行政区域			
干品年产量（kg）		干品年销售量（kg）			
产品销售区域		产品品牌			

A.2 生产基地基本情况

生产基地基本情况如表 A.2 所示。

表 A.2 生产基地基本情况

基地名称		基地编号			
基地地址		基地面积（hm^2）			
基地负责人		电话		种植时间	
技术员姓名		技术员资格证书号			
主栽品种		生产用水来源			
产地环境情况					
投入品仓库及状况					

A.3 农事活动记录

农事活动记录如表 A.3 所示。

表 A.3 农事活动记录

基地名称：　　　　　　　　　　耳棚编号：　　　　　　　　　记录人：

日期	农事活动项目	作业面积（袋）	具体内容	负责人	备注

A.4 投入品购进与领用记录

投入品购进与领用记录如表 A.4 所示。

表 A.4 投入品购进与领用记录

基地名称：　　　　　仓库名称：　　　　保管人：　　　　记录人：

序号	投入品名称	批准号	主要成分	生产商	供应商	购入日期	购入数量	领用日期	领用人	库存

A.5 投入品使用记录

投入品使用记录如表 A.5 所示。

表 A.5 投入品使用记录

基地名称：　　　　　　　　耳棚编号：　　　　　　记录人：

日期	作业面积（袋）	投入品名称	使用量	用途	作业员	预计采收期

A.6 采收记录

采收记录如表 A.6 所示。

表 A.6 采收记录

基地名称：　　　　　　　基地编号：　　　　　　记录人：

日期	耳棚（或农户）编号	鲜品重量（kg）	作业组长（户主）	初加工车间名称（初加工企业名称）

A.7 干制贮存记录

干制贮存记录如表 A.7 所示。

表 A.7 干制贮存记录

技术负责人：   记录人：

干制日期	产品来源	干制方式	环境是否合格	产品批号	干品重量（kg）	入库日期	贮存温度（℃）

A.8 检验记录

检验记录如表 A.8 所示。

表 A.8 检验记录

检验员：   记录人：

日期	产品批号	样品量（kg）	检验单位	报告单号	检验结果			
					感官指标	理化指标	卫生指标	其他指标

A.9 销售记录

销售记录如表 A.9 所示。

表 A.9　销售记录

部门负责人：　　　　　　　　　　　　　　　　　　　　　记录人：

日期	产品批号	购货单位	品名等级	包装规格	数量	出库单号	负责人

A.10　不合格产品追溯与处置记录

不合格产品追溯与处置记录如表 A.10 所示。

表 A.10　不合格产品追溯与处置记录

部门负责人：　　　　　　　　　　记录人：

日期	产品批号	产品来源	产品量（kg）	不合格原因	产品处置结果

第二章
香菇质量控制技术规范

一、范围

本文件规定了香菇质量控制技术规范的生产要素管理、产品质量管理、组织管理、文件管理、员工管理、记录管理的技术要求。

本文件适用于香菇生产过程的质量控制。

二、规范性引用文件

下列文件中的内容通过文中的规范性引用而构成本文件必不可少的条款。其中，注日期的引用文件，仅该日期对应的版本适用于本文件；不注日期的引用文件，其最新版本（包括所有的修改单）适用于本文件。

GB/T 191　包装储运图示标志

GB 2762　食品安全国家标准　食品中污染物限量

GB 2763　食品安全国家标准　食品中农药最大残留限量

GB 4806.1　食品安全国家标准　食品接触材料及制品通用安全要求

GB 5749　生活饮用水卫生标准

GB 7096　食品安全国家标准　食用菌及其制品

GB 7718　食品安全国家标准　预包装食品标签通则

GB 14881　食品安全国家标准　食品生产通用卫生规范

GB/T 24616　冷藏、冷冻食品物流包装、标识、运输和储存

GB 38400　肥料中有毒有害物质的限量要求

GB/T 38581　香菇

NY/T 391　绿色食品　产地环境质量

NY/T 1276　农药安全使用规范　总则

NY/T 1742　食用菌菌种通用技术要求

NY/T 1935　食用菌栽培基质质量安全要求

NY/T 2375　食用菌生产技术规范

三、术语和定义

下列术语和定义适用于本文件。

1. **代料香菇 substrate-cultivated lentinus edodes**

用木屑、阔叶树的枝桠枝材、秸秆等农林废弃资源作为栽培原料培育的香菇。

2. **栽培基质 cultivar substrate**

香菇栽培过程中，为其生长繁殖提供营养的物质。

3. **香菇菌种 strains of oak mushroom**

香菇菌丝体及其生长基质组成的繁殖材料，包括母种、原种和栽培种。

四、生产要素管理

1. 产地环境

（1）选址要求

生产场地应清洁卫生、地势平坦、排灌方便，有饮用水源；生态环境良好，周边 5 km 以内无化学污染源，1 km 内无工业废弃物；100 m 内无集市、水泥厂、石灰厂、木材加工厂等扬尘源；50 m 之内无禽畜舍、垃圾场和死水池塘等危害香菇的病虫滋生地；距公路主干线 200 m 以上；远离医院，避开学校和公共场所。

（2）空气质量

空气质量应符合表 2-1 的规定。

表 2-1　环境空气质量要求

项目	浓度限值	
	日平均	1 h 平均
总悬浮颗粒物（标准状态），mg/m³	≤0.3	—
二氧化硫（标准状态），mg/m³	≤0.25	≤0.7
氟化物（标准状态），μg/m³	≤7	—
注：日平均指任何 1 日的平均浓度，1 h 平均指任何 1 小时的平均浓度。		

（3）水质要求

应符合 GB 5749 的规定。

2. 栽培基质

（1）质量要求

主料以硬杂木屑和果树木屑为主，以麸皮、石膏等为辅料。主料、辅料应新鲜、干净，农药残留、重金属等有害物质不能超出限量标准。

（2）化学添加剂

常用化学添加剂种类、功效、用量和使用方法见表2-2。

表 2-2　常用化学添加剂种类、功效、用量和使用方法

添加剂种类	使用方法与用量
尿素	补充氮源营养，0.1%～0.2%，均匀拌入栽培基质中
硫酸铵	补充氮源营养，0.1%～0.2%，均匀拌入栽培基质中
碳酸氢铵	补充氮源营养，0.2%～0.5%，均匀拌入栽培基质中
氰氨化钙（石灰氮）	补充氮源和钙素，0.2%～0.5%，均匀拌入栽培基质中
磷酸二氢钾	补充磷和钾，0.05%～0.2%，均匀拌入栽培基质中
磷酸氢二钾	补充磷和钾，用量为005%～0.2%，均匀拌入栽培基质中
石灰	补充钙素，并有抑菌作用，1%～5%均匀拌入栽培基质中
石膏	补充钙和硫，1%～2%，均匀拌入栽培基质中
碳酸钙	补充钙，0.5%～1%，均匀拌入栽培基质中

（3）包装和储藏

包装材料应清洁、干燥、无毒、无异味，牢固无破损。可散装、袋装或按用户要求包装后，存放于阴凉、通风、干燥处，且不应与有毒、有害物质混放。

3. 栽培菌种

（1）菌种来源

母种应从具有相应技术资质的供种单位引种。

（2）菌种质量

原种和栽培种应符合 NY/T 1742 的规定，应选择经过试验示范且抗逆性强、菌丝生活力强、菌龄适宜、适应性广的品种。

（3）菌种贮存

原种和栽培种应在温度不超过 20 ℃、清洁干燥通风（空气相对湿度 50%～70%）、避光的室内存放，不超过 20 d。在 15 ℃～20 ℃下贮存时，贮存期不超过 30 d。在 1 ℃～6 ℃下贮存，贮存期不超过 60 d。

4. 培养料制备、接种及发菌、出菇管理

（1）培养料制备

根据品种选择适宜配方。根据品种、基质、季节、气候、栽培方式等选择适宜大小的容器、适宜的含水量。分装松紧度应适宜，使用适宜的搬运容器，整筐装运；分装和灭菌应尽快完成，夏季拌料到灭菌应在 8 h 之内完成。

严格灭菌，常压灭菌应在入锅 2 h 内上汽。灭菌完成后的料袋要整筐出锅、搬运，洁净冷却。冷却场所应事先消毒、灭虫、沉落空气中的尘埃，冷却中应防尘、防雨、防鼠。

（2）接种

接种工具、接种箱、接种室等在使用前应进行洁净和消毒处理。接种应按无菌操作进行，接种量应适量，不应过低。

（3）发菌管理

发菌场所的气温应控制在 16 ℃～20 ℃，袋内料温最高不应超过 29 ℃。料温过高时，应采取疏散、通风、淋水等降温措施。空气相对湿度应≤75%，难以控制时应加强通风。

（4）出菇管理

根据栽培品种适当调控菇房温度，使其低于该品种的出菇最适温度；空气相对湿度应控制在 80%～95%；注意通风换气。

采收后应提高菇房温度，降低空气相对湿度，养菌。养菌 3 d～5 d 后根据菌棒内含水量适量补水，以补至原料重的 80%～90% 为准。补水后继续养菌，养菌时日以菌棒恢复到易于出菇的硬度和弹性为准。

5. 病虫害防控

（1）预防措施

对培养料进行灭菌，堆料场、接种室、养菌室、出菇棚使用前进行消杀，废弃菌棒应及时清离集中处理。

（2）农业防治

保持栽培场地生产环境清洁，定期消杀。通过控温控湿、轮作倒茬等方法防控杂菌侵害，及时清除污染菌袋。

（3）物理防治

利用紫外灯、臭氧离子消毒机等设备消毒杀菌，通风处安装防虫网，通过放置粘虫板、诱（杀）虫灯、糖醋液等诱杀菇房害虫。

（4）化学防治

根据有害生物的发生特点、危害程度和农药特性，在防治适期选择适当的施药方式。应使用登记使用范围包括食用菌的农药，严格执行安全间隔期，香菇原基形成后不宜使用化学农药。

6. 农业投入品管理

选择合法经营资质的供应商，购买证件齐全、质量合格的农业投入品，产品质量应符合国家相关规定，实行专人管理，建立采购和使用台账，保存相关票据、质保单、合同等资料。消毒剂使用应符合表2-3的规定，化学添加剂使用应符合表2-2的规定，不得采购使用国家明令禁止在食用菌上使用的农药。应有专用库房，保持清洁、干燥、安全，不同种类应分区域放置，危险品有警示标识。

表 2-3　消毒剂的常用方法

名　称	使用方法	适用对象
乙醇	75%，浸泡或涂擦	接种工具、子实体表面、接种台、菌种外包装、接种人员的手等
高锰酸钾 / 甲醛	（高锰酸钾 5 g+37% 甲醛溶液 10 mL）/m^3，加热熏蒸	培养室、无菌室、接种箱
高锰酸钾	0.1%～0.2%，涂擦	接种工具、子实体表面、接种台、菌种外包装等
酚皂液（来苏水）	0.5%～2%，喷雾	无菌室、接种箱、栽培房及床架
	1%～2%，涂擦	接种人员的手等皮肤
	3%，浸泡	接种器具
苯扎溴铵溶液（新洁尔灭）	0.25%～0.5%，浸泡、喷雾	接种人员的手等皮肤、培养室、无菌室、接种箱。不应用于器具消毒
漂白粉	1%，现用现配，喷雾	栽培房和床架
	10%，现用现配，浸泡	接种工具、菌种外包装等
硫酸铜 / 石灰	硫酸铜 1 g+ 石灰 1 g+ 水 100 g，现用现配，喷雾、涂擦	栽培房、床架

续表

名　称	使用方法	适用对象
磷化铝	56% 片剂，5 g/m²～7 g/m²，密闭熏蒸	生产前和生产后场所灭虫处理，出菇期不应使用

7. 废弃物和污染物管理

应设有农药废液及农药、肥料等投入品废弃包装物的收集设施和存放区，对生产过程中产生的废弃物和污染物源准确识别、分类管理、安全存放、及时处置。污染菌包应妥善处理，废弃菌糠宜再循环利用。

（1）剩余农药的处理

未用完的农药制剂应保存在其原包装中，并密封贮存于上锁的地方，不得用其他容器盛装，严禁用空饮料瓶分装剩余农药。未喷完的药液（粉）在该农药标签许可的情况下，可再将剩余药液（粉）用完。对于少量的剩余药液（粉），应妥善处理。

（2）废容器、废包装的处理

玻璃瓶应冲洗 3 次，砸碎后掩埋；金属罐和金属桶应冲洗 3 次，砸扁后掩埋；塑料容器应冲洗 3 次，砸碎后掩埋或烧毁；纸包装应烧毁或掩埋。同时，应注意以下事项：掩埋废容器和废包装应远离水源和居所；焚烧农药废容器和废包装应远离居所和作物，操作人员不得站在烟雾中，应阻止儿童接近；不能及时处理的废农药容器和废包装应妥善保管，应阻止儿童和牲畜接触；不应用废农药容器盛装其他农药，严禁用作人、畜饮食用具。

8. 采收加工

（1）采收要求

采收容器应干净卫生，采收后应及时冷储或干制。

（2）加工要求

工厂环境、生产车间和加工过程应符合 GB 14881 的规定，同时应符合下列要求：有与生产能力相匹配的库房，设有单独的更衣室和卫生间，具有相应的清洗、消毒设施；烘干设备应干净卫生，加工前应对设备进行清洁保养。

9. 包装标识

应有干净卫生的专用包装场所，包装材料应符合 GB 4806.1 的规定，标识标签应符合 GB 7718 的规定，冷藏产品包装、标识应符合 GB/T 24616 的规定，运输包装图示应符合 GB/T 191 的规定。

10. 贮存运输

（1）鲜菇贮存

宜使用低水保鲜、低温保鲜和真空保鲜，不得使用保鲜剂。储藏库温度应保持在 1 ℃～5 ℃，库内各批次分区明显，标识清晰。

（2）干菇贮存

存放在干燥、阴凉、清洁的库房内，应防蝇、防鼠，不得与有异味、易传播病虫害等物品混放。

（3）运输要求

运输工具应清洁、干燥、无污染。冷链运输应符合 GB/T 24616 的规定，时间不超过 72 h。

五、产品质量管理

1. 有毒有害生物控制

（1）清洁和消毒

针对生产设备和环境制定有效的清洁消毒制度，降低微生物污染的风险。清洁消毒制度应包括以下内容：清洁消毒的区域、设备或器具名称；清洁消毒工作的职责；使用的洗涤、消毒剂；清洁消毒方法和频率；清洁消毒效果的验证及不符合的处理；清洁消毒工作及监控记录。同时，应确保实施清洁消毒制度，如实记录；及时验证消毒效果，发现问题及时纠正。

（2）加工过程的微生物监控

确定关键控制环节进行微生物监控；必要时应建立加工过程的微生物监控程序，包括生产环境的微生物监控和过程产品的微生物监控。加工过程的微生物监控程序应包括：微生物监控指标、取样点、监控频率、取样和检测方法、评判原则和整改措施等，具体可参照 GB 14881 附录 A 的要求，结合生产工艺及产品特点制定。

微生物监控应包括致病菌监控和指示菌监控，加工过程的微生物监控结果应能反映食品加工过程中对微生物污染的控制水平。

2. 产品质量检验

应定期检验，每批次产品应随机取样检测，对无检测能力的项目委托有资质的检测机构进行检验。

3. 产品质量追溯

生产批号或追溯标识应包含产地、产品、菇房、采收时间、包装批次等内容。产品出现不合格时，应通过产品批号或追溯标识追溯到每一生产环节。

4. 不合格产品管理

建立不合格产品管理制度，不合格产品不得进入下一生产程序。

5. 产品质量标准

感官指标、理化指标应符合 GB/T 38581 和 GB 7096 的规定，污染物限量应符合 GB 2762 的规定，农药残留限量应符合 GB 2763 的规定。

六、组织管理

生产单位应建立全程质量控制体系，制定落实各项规章制度，健全体制机制。制定组织结构图，明确职责和权限。

七、文件管理

质量管理文件包含组织机构图及人员岗位职责、质量管理措施及内部检查内容。制定人员培训、生产计划、操作规程、设备管理、产品追溯等规范或制度。制度文件应分类存放，操作规程和重要制度应置于相应工作区域醒目位置。

八、员工管理

1. 人员配置

应配备必要的管理人员、技术人员和生产人员，配备具有专业技能的应急处置人员和必要的防护设备。

2. 培训考核

及时对员工进行法律法规、岗位技能、安全生产、公共卫生等培训，培训合格后方可上岗，定期实施考核。

3. 卫生健康

人员上岗前应有健康证，进入工作场所应符合食品安全的相关规定。

九、记录管理

1. 生产记录

应以单个菇房或栽培品种、生产管理、质量控制与生育期相同或相近的菇房为单位，建立完整的生产记录（见附录 A 中的表 A1～表 A8），保留至少 2 年。

2. 产品记录

按产品批次建立产品档案，应详细记录原料批生产加工流向和每个出厂批的原料组成，保存所有审评记录、检验检测报告、不合格产品处置记录。产品档案应保存至少 2 年。

3. 销售记录

建立销售台账，记录出厂产品的名称、批号、数量、生产日期、销售日期及购货者名称、地址、联系方式等内容，保存相关凭证。记录应保留至少 2 年。

附录 A

（规范性）

香菇生产质量控制主要记录表

A.1 农事活动记录

农事活动记录如表 A.1 所示。

表 A.1　农事活动记录

基地名称：　　　　　　　菇棚编号：　　　　　　　记录人：

日期	农事活动项目	劳动面积（袋）	具体内容	负责人	备注

A.2　投入品购进与领用记录

投入品购进与领用记录如表 A.2 所示。

表 A.2　投入品购进与领用记录

基地名称：　　　　　　　仓库名称：　　　　　　保管人：　　　　记录人：

序号	投入品名称	批准号	主要成分	生产商	供应商	购入日期	购入数量	领用日期	领用人	库存

A.3　投入品使用记录

投入品使用记录如表 A.3 所示。

表 A.3　投入品使用记录

基地名称：　　　　　　　　基地编号：　　　　　　　　记录人：

日期	作业面积（袋）	投入品名称	使用量	用途	作业员	预计采收期

A.4　采收记录

采收记录如表 A.4 所示。

表 A.4　采收记录

基地名称：　　　　　　　　　基地编号：　　　　　　　　　记录人：

日期	菇棚编号	重量 （kg）	作业组长 （户主）	初加工车间名称 （初加工企业名称）

A.5　贮存记录

贮存记录如表 A.5 所示。

表 A.5　贮存记录

技术负责人：　　　　　　　　　　　　　　　　　　　　　记录人：

日期	产品来源	重量 （kg）	分区编码	入库时间	贮存温度 （℃）

A.6　检验记录

检验记录如表 A.6 所示。

表 A.6　检验记录

检验员：　　　　　　　　　　　　　　　　　　　　　　　　　记录人：

日期	样品量（kg）	产品批号	检验单位	报告单号	检验结果			
					感官指标	理化指标	卫生指标	其他指标

A.7　销售记录

销售记录如表 A.7 所示。

表 A.7　销售记录

部门负责人：　　　　　　　　　　　　　　　　　　　　　　　记录人：

日期	购货单位	品名等级	包装规格	数量	批次号	出库单号	负责人

A.8　设备维护保养记录

设备维护保养记录如表 A.8 所示。

表 A.8 设备维护保养记录

部门负责人：   记录人：

日期	设备名称	设备编号	保养或维护内容	异常情况及处理	维护人

第三章
秦巴山区黑木耳生产 HACCP 体系的建立

危害分析关键控制点（HACCP）体系是在良好操作规范（GMP）和卫生标准操作程序（SSOP）的基础上建立起来的食品安全危害预防控制体系，是一种用于保护生产食品防止危害的管理工具，具有较强的针对性。HACCP 体系控制的重点是食品生产在执行相关标准、法律、法规的基础上，控制可能发生的产品安全危害，要求生产企业在初级生产到最终消费的所有环节中强化对关键控制点（CCP）的控制，从而预防、降低和消除食品安全危害的发生。

近年来，随着黑木耳的栽培规模日益增加，及对其加工增值的发展预期，黑木耳初级产品生产工艺中的质量安全控制日趋重要。通过对秦巴山区黑木耳主产区中特优区的陕西秦峰农业股份有限公司、柞水野森林生态农业有限公司、柞水县绿源农业发展有限公司及陕西长丰农林科技发展有限公司的考察调研，将 HACCP 体系应用到秦巴山区黑木耳生产中，对其生产过程进行危害分析，将关键控制点决策树结合秦巴山区黑木耳发展问题及当今政策确定出 CCP，确定相应的控制措施及关键限值，建立监控纠偏，最终记录验证，形成 HACCP 计划表。

一、建立 HACCP 体系的准备工作和步骤

黑木耳产品生产企业实施 HACCP 体系的基础是建立和实施适合本企业的黑木耳标准化生产的基础计划，同时需要管理层和员工的承诺和参与。基础计划和 HACCP 计划分开制订和实施。基础计划的有效性在 HACCP 计划制订和实施过程中应予以评价分析。

1. 组建 HACCP 小组

组建 HACCP 小组是建立 HACCP 管理体系的需要，因为管理体系的工作包括组织机构、过程、程序和资源四大要素，而 HACCP 小组是 HACCP

体系的重要组织之一（体系还包括企业其他各有关部门及其职能）。

HACCP 小组在 HACCP 体系中起着核心作用，主要职责是：制订黑木耳标准化生产计划等前提条件，制订 HACCP 计划，实施和验证 HACCP 体系。组成 HACCP 小组成员条件：具备黑木耳标准化生产、加工、经销产品相关专业知识和技能，而且必须经过标准化体系、HACCP 体系原则、制订 HACCP 计划工作步骤、危害分析及预防措施培训考核合格，熟悉掌握本企业的 HACCP 计划，能确保 HACCP 体系有效实施。

2. 黑木耳产品描述，确定产品预期用途和消费者

黑木耳产品可因为生产方式不同，而存在的危害和预防措施不同。对产品进行准确描述，便于进行危害分析，确定关键控制点。

对黑木耳产品加工而言，如加工成即食或煮熟后食用，或是作为另一种生产的原材料，则产品危害的程度及其控制方法也都不同。对黑木耳产品（干品）和销售方式、预期用途和消费者描述的内容包括几项：名称、营养、加工、包装方式、贮存条件、保质期限、销售方式（销售过程常温保存）、预期消费者（普通公众）等。

二、黑木耳生产工艺流程图及其说明

1. 生产工艺流程图

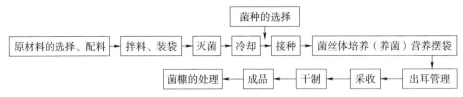

2. 生产工艺流程图说明

（1）培养基（料）配制

①栽培基质原材料选择。

栽培基质原材料质量是关键控制点之一，栽培使用的主料、辅料应来自安全生产农区，无虫、无螨、无霉变、无腐烂的新鲜洁净原料。不应使用来源于污染农田或灌区农田的原材料。

栽培基质原材料应在通风、干燥的环境中贮存，防止滋生螨、害虫以及霉变。使用前应在阳光下翻晒，拣出霉变严重材料并做无害化处理。

②化学添加剂投入品。

如尿素、过磷酸钙、磷酸二氢钾、石灰、石膏、碳酸钙等。

③生产用水。

培养料制备、出耳期喷水和补水应符合 GB 5749 要求的生活用水。

④配方。

培养料配方多种，常用木屑培养基：阔叶树木屑 78%、麸皮 20%、糖 1%、石膏 1%，或阔叶树木屑 89%、麦麸 10%、石灰 1%，含水量 60%±2%，灭菌前 pH 7.5～8.5；灭菌后 pH 降至 6.5～7.0。

（2）拌料、装袋

先将主料和辅料按配方比例称好堆放在一起，混拌均匀，再将石灰或糖水溶液加入干料拌料，反复搅拌均匀，适量加水达适宜含水量。

采用机器或人工装袋，人工装料时要边装边用手压实，上紧下稍松些，中间打孔不变形（孔径 1.5 cm，料高为 18 cm～20 cm，料湿重为 0.9 kg～1.0 kg），擦净袋口，套上套环，盖上无棉盖体。

（3）灭菌和冷却

培养基料袋灭菌彻底是关键控制点之一。高压灭菌升温后要放冷空气 2 次～3 次，当压力达 1.1 kg/cm^2～1.5 kg/cm^2、温度在 121 ℃～125 ℃时保持 2 h；常压灭菌温度达 100 ℃时，冬季保持 8 h～10 h，夏季保持 10 h～12 h。注意中间不能停火降温，补水要加热水。

每次将料袋搬入洁净的接菌室或培养室内，密闭门窗，用高效环保杀菌剂、紫外线灯或臭氧灭菌机进行消毒 0.5 h 以上，料袋自然冷却到 30 ℃以下再接种。

（4）接种

当料袋冷却至 30 ℃以下即可接种。接种要严格执行无菌操作规程。接种前接种室（箱）或培养室接种要消毒一次，当料袋和接种用具、菌种搬入后第二次消毒。一瓶原种（500 mL）接 45 袋～50 袋。

（5）菌丝体培养

接种后的菌袋菌丝体，培养是关键控制点之一。发菌场所的气温应控制在低于所培养食用菌的菌丝生长最适温度 2 ℃～6 ℃，袋内料温最高不应超过所培养食用菌的菌丝生长最适温度 3 ℃。料温过高时，应采取疏散、通风、淋水等降温措施。空气相对湿度应为 75%，难以控制时应加强通风。

（6）出耳场地及摆袋

①场地选择。

场地环境应符合国家行业标准 NY/T 2375 的规定，场地周围开阔、通风良好，光线充足，靠近水源、交通方便的草地或平地。

②整床作畦。

畦床（耳床），东西方向，长 10 m～20 m，宽 1.5 m～2 m，高 15 cm～20 cm，床间过道宽 0.5 m～0.6 m，由过道向下挖土 15 cm～20 cm 深放在耳床上，整平，每床四周打上距床面 35 cm 高的木桩。床面要撒 1 cm～2 cm 厚河沙，再铺一层稻草之后，浇一次透水，摆袋前再撒一层石灰备用。

③场地设施。

摆袋前备好贮水池，设计安装好微喷系统，用水质量要符合 GB 5749 要求。准备好稻草草帘，厚 1 cm～2 cm、宽 1 m、长 2 m～2.5 m，使用前 1 天用 5% 石灰水浸泡半小时。以草帘子不滴水为宜。

（7）划口催耳

菌袋长满或离袋底 1 cm～2 cm，春季或秋季栽培时，将菌袋运到栽培场地，即可划口催耳。

①菌袋处理。

去掉菌袋的棉塞套环或无棉盖体，向袋口内折窝进洞口内，用 5% 石灰水或 0.1% 高锰酸钾溶液擦洗菌袋表面后划口。

②划口方法。

将菌袋底朝上，用消毒后刀片在菌袋表面划 "V" 字形口，角度 45°、斜边长 1.5 cm～2.0 cm、深 0.5 cm，环割 3 排，每排 4 个，"品" 字形排列，每袋 10 个～12 个。袋底割一个长 2 cm 的口，可增产。

③摆袋。

采用集中催耳芽方法时，可将菌袋竖立摆在耳床上，间距 2 cm～3 cm，每平方米可摆 45 袋～50 袋，当原基封口要分化时，稀摆，间距 10 cm，每平方米 25 袋，每亩可摆 1 万袋；或者直接稀摆催芽出耳，间距 10 cm，成 "品" 字形排列，边摆边覆盖遮阳网或稻草帘遮光保湿。

（8）出耳管理

出耳管理是关键控制点之一。除了创造适宜的黑木耳生长发育的生态条件之外，要注意病虫害发生动态。

①原基形成期。

耳床内空气相对湿度保持在 80%～85%，每天早晚向草帘喷水保湿，晚间掀开草帘两头通风，温度以 20 ℃ 左右为宜，要有一定的散射光，床面缺水应补水，切忌向原基直接喷水，经 7 d～15 d，黑褐色原基即可封住划口线。

②子实体分化期。

耳床内空气相对湿度应保持在85%～90%，早晚可向草帘、床面、菌袋喷雾状水，在原基未分化前切忌直接向原基上喷水，温度以15 ℃～25 ℃为宜，散射光，适当加大通风量，15 d 左右原基分化出参差不齐的1 cm～2 cm 耳片。

③子实体生长发育期。

A. 湿度。

当耳片展开后，空气湿度要求提高到90%～95%，耳片在1 cm 大小即可直接喷水，但要勤喷、轻喷、细喷，以保持耳片湿润不卷为宜，后期适当增加水量，要干湿交替，"干干湿湿"，耳片成熟前应减少喷水量，空气湿度可降到85%～90%，开放式（全光）栽培只在晚间和早晨浇透水。

B. 温度。

温度控制在15 ℃～25 ℃，最佳为18 ℃～21 ℃，如温度超过25 ℃，子实体会自溶腐烂。

C. 通风换气。

一般每天通风2 次～3 次，每次30 min～40 min，保持足够的新鲜空气，可卷起帘子两边通风，夜晚可全部敞开草帘通风。

D. 光线。

子实体生长发育要求较强的散射光照，在温度适宜时，要掀开覆盖物，使耳片在充足的光照下生长发育。

E. 病虫害防控。

防控病虫害要严守以下原则。

a. 应贯彻预防为主。综合防治的植保方针，优先使用农业和物理防控措施。

b. 出耳期不宜使用化学农药。采用药物防治时，应使用登记使用范围包括食用菌的农药；不应使用未在食用菌上登记的农药和剧毒、高残留农药；采耳后施用，安全用药，合理用药。

c. 用药品种和药量应符合 NY/T 393、NY/T 394 绿色食品农药使用准则的要求。

（9）采收晾晒

耳片舒展变软，肉质肥厚，颜色淡黑褐色，耳根收缩变细，且腹面产生少量白色担孢子，说明已成熟，应及时采收。采收应在晴天早晨露水未干时，或雨后天晴进行。如耳片已成熟，遇到连雨天，则要在停雨时突击采收，以免过熟引起流耳。采收时根据耳片的成熟度分期收获，采大留小，用锋利的刀片齐耳处割下，不要牵动损坏幼小耳芽，同时要注意避免把耳根处的培养料带出，以保护耳芽和幼耳继续生长。

采收的黑木耳必须及时晾晒或用烘干机烘干再进行储存销售。

储存应选择避光、清洁、阴凉、无异味环境，并注意防霉、防虫、防鼠。

（10）产品质量

产品质量安全应达到 GB/T 6192 技术要求。

三、危害分析及预防控制措施

危害是指黑木耳标准化生产、产品加工、贮存、运输等一系列活动过程中，虽然执行相关标准法规，但也可能发生产品不安全消费，引起消费者疾病和伤害的生物的、化学的、物理的污染。危害分析是 HACCP 计划最重要的环节。以黑木耳标准化生产体系、生产工艺流程图为指南，HACCP 小组根据生产加工等各环节，分析确定可能发生的潜在危害，确定潜在危害是否显著，确定对潜在危害的预防控制措施，制定危害分析工作单（表 3-1）。

四、关键控制点的确定

关键控制点的确定要以一个生产步骤中危害的严重性和发生的可能性以及如何才能避免、消除和减轻这些危害为基础。对危害分析期间确定的每个显著危害，必须有一个或多个关键控制点来控制。

1. 投入品的选择

黑木耳生产主料和辅料主要是阔叶树木屑、棉籽壳、麸皮农作物秸秆等废物。原料选择时应避免原料培养基带来潜在的污染危害，主要包括原料中的重金属、农药残留、病原菌及生物毒素等污染物。食用菌对重金属污染物有富集功能，导致重金属、农药残留量超标，产品质量卫生不合格，在国际市场造成不良影响。因此，原辅料的质量安全控制是黑木耳生产的关键控制点。为了保障培养基中的营养成分，如碳源、氮源的比例、pH 等指标应严格选择符合 NY/T 1935—2010《食用菌栽培基质量安全要求》的原料和添加剂等物品，避免原料带来的潜在危害。

表 3-1　危害分析工作单

工序	在该步骤引入、增加或控制的潜在危害	是否显著危害	第 2 栏判定依据	预防/控制措施	该步骤是否为关键控制点
产地环境	空气"三废"、水质微生物、土壤重金属、农药	否	依据 NY/T 5010—2016《无公害农产品 种植业产地环境条件》进行检验	选择符合 NY/T 5010—2016 标准的场地生产	否
投入品	霉菌、农药、重金属、抗生素、漂白剂	是	依据 NY/T 1935—2010《食用菌栽培基质质量安全要求》进行检验	原料来源控制，选择原料中农药、重金属残留、微生物毒素等指标合格的培养料	是
拌料装袋	拌料干湿不均、备菌袋装袋不均	否	菌袋重量不一致、上下松紧不均、通气不好、菌丝体吃料不齐	培养料含水量适宜，拌料充分均匀，装袋均匀通气良好	否
培养料灭菌	微生物污染	是	养菌期菌袋上下部位出现杂菌污染，菌丝体生长不良	严格控制灭菌锅温度，时间同标准，彻底灭菌	是
菌种和接种	菌种退化、微生物污染	是	菌种来源、接种后不萌发或生长缓慢	选择注册菌种，种性清楚 1～2 个菌株，按照 NY/T 528—2010《食用菌菌种生产技术规程》生产菌种，菌种质量达到 GB 19169—2003《黑木耳菌种》要求	是
菌丝体培养	温湿度、空气流通、微生物污染	是	菌丝体生长不良、吃料不齐、局部出现霉菌污染	根据菌种种性控制养菌室的温湿度，经常通风换气，检查菌袋污染情况，及时检除污染菌袋	是

续表

工序	在该步骤引入、增加或控制的潜在危害	是否显著危害	第2栏判定依据	预防/控制措施	该步骤是否为关键控制点
出耳管理	温度、湿度、通风、光照、病虫害	是	子实体、生长发育不良，大小不整齐，不同湿度发生病虫害	按NY/T 2375—2013《食用菌生产技术规范》要求，调控耳房温湿度，经常通风换气，创造散射光照，物理措施防治病虫害，绝不允许使用化学农药	是
采收加工	有害微生物污染、湿度	否	依据GB 7096—2014《食品安全国家标准 食用菌及其制品》、GB/T 6192—2019《黑木耳》检验	产品经过热风、晾晒，干燥加工的黑木耳干制品，严格执行采收标准、干制加工操作规程，产品含水量＜14%	否
包装分级	包装材料	否	依据NY/T 658—2015《绿色食品 包装通用准则》和NY/T 1838—2010《黑木耳等级规格》进行检验	严格执行黑木耳等级标准分别包装，采用合适的包装材料	否
贮存	产品变质微生物污染	否	检查产品是否变质或污染	置于通风良好、阴凉干燥、有防潮设备及防虫蛀和防鼠设施的库房贮存	否
运输	运输损伤、工具不清洁	否	检查产品破损情况	运输时应轻装、轻卸、运输工具应清洁、卫生、无污染物、无杂物，防日晒、防雨淋	否

2. 培养料灭菌

按规定的时间和温度要求操作，对培养料进行彻底灭菌，是黑木耳生产的一个关键控制点。原料装袋后，必须通过高温灭杀原料中的杂菌，在灭菌的过程中，灭菌温度高低和时间长短是培养料灭菌是否成功的关键因素。若灭菌温度过低或时间过短，培养料灭菌不彻底，会带来潜在的杂菌污染，导致黑木耳菌丝体不能正常生长发育。如灭菌温度过高或时间过长，会造成培养料营养成分分解，影响黑木耳菌丝体的正常发育。黑木耳代料栽培灭菌采用高压或常压蒸汽灭菌，灭菌是否彻底除了和温度高低、时间长短有关以外，还与装袋的进灶时间、料袋摆放方式、升温快慢等因素有关，为此，应按制定的有关技术规程进行操作。

3. 菌种生产和接种

黑木耳菌种生产过程中，母种的制作尤为重要，品种来源、母种选育不当、菌种退化、菌种生长不良、菌种不纯等都可能导致整个生产失败，所以母种质量安全是菌种生产关键控制点，原种和栽培种制作过程中培养基选择和培养条件是两个关键点，菌种生产必须严格执行 NY/T 528—2010《食用菌菌种生产技术规程》进行，菌种质量达到 GB 19169—2003《黑木耳菌种》要求。

接种操作过程十分重要，整个过程都应按无菌操作规程要求进行，能否做到无菌操作是接种成败的关键。黑木耳接种一般以人工流水作业操作方式进行，保证接种成功的关键点是在无菌环境严格执行制定的无菌室的无菌标准操作规程。

4. 菌丝体培养

接好菌的菌袋进入培养室培养，菌丝体生长发育的好坏直接影响后期子实体的产量高低和产品的质量好坏，所以黑木耳菌丝体的培养是黑木耳标准化生产的关键控制点。

黑木耳是好气性真菌，在标准化生产过程中，需要根据菌丝体不同阶段生长发育特点，给予适当的温度、空气湿度及通风，严格执行黑木耳菌袋培养阶段管理技术要求，特别是在温度控制上，要求室内温度先高后低。发菌初期，培养室内温度保持在 25 ℃～28 ℃，空气相对湿度保持在 60%～70%，使菌丝迅速定位、吃料；培养 7 d ~ 10 d 后，菌丝体可封面，使培养室内温度逐渐降至 22 ℃～24 ℃，并每天通风换气1次～2次，每次30 min～60 min。

5. 出耳管理

黑木耳菌丝体生长发育完成后，即进入子实体生长发育和出耳阶段，此阶段的温度、湿度、光照和通风等管理措施直接影响黑木耳产量和产品品质，是一个关键控制点。

袋栽黑木耳在出耳阶段常采用地栽和吊袋两种管理方法，其中地栽模式更为普遍，且多以春季栽培为主。春季白天气温平均 15 ℃左右，即可开口催耳。菌袋划口完成后，在具有覆盖、遮阳网、保湿设施的耳床（畦床）集中催耳芽，床内湿度保持 80%~85%、温度 20 ℃左右，有一定的散射光，两头通风换气，经 7 d~15 d 黑褐色原基形成。原基形成后进入子实体分化期→子实体生长发育期→子实体成熟期。在各个阶段按黑木耳品种子实体生长发育特性要求，创造适宜的温度、湿度、光照和通气的环境，进行高效的出耳管理，确保产品质量。

五、关键限值的确定

以黑木耳标准化生产的国家标准、行业标准及地方标准为依据，对黑木耳标准化生产过程中的投入品、培养料灭菌、菌种生产和接种，以及菌丝体培养和出耳管理的关键控制点进行分析，确定其关键限值，如表 3-2 所示。

表 3-2　黑木耳关键限值（CL）表

关键控制点（CCP）	关键限值（CL）
（1）CCP1- 原料选择	新鲜、洁净、干燥、无虫、无霉、无异味、农药及重金属残留量符合相关要求
（2）CCP2- 培养料灭菌	高压灭菌压力 0.12 MPa，1.5 h~2 h，温度 120 ℃~125 ℃
（3）CCP3- 制种接种	菌种无污染，培养接种污染率控制在 1.0% 以下
（4）CCP4- 菌丝体培养	温度"先高后低"为原则，分 3 个生育期：定殖期 5 d~7 d，26 ℃~28 ℃；封面期 7 d~15 d，23 ℃~25 ℃；健壮期 16 d~35 d，23 ℃~24 ℃，35 d 成熟后 18 ℃~22 ℃
（5）CCP5- 出耳管理	关键因子：温度、湿度、通气、散射光，根据子实体生长发育不同阶段对环境要求不同，给予适宜的环境

六、实施监控

关键限值的监控为现场监控，监控对象可以是产品本身，也可以是某个工艺环节、设备参数等。监控程序的建立可以确保黑木耳生产 5 个 CCP 的关键限值在控制之中。对关键限值（CL）的监控包括监控的对象、监控方法与设备、监控频率和监控人员。现分别叙述如下。

1. 监控对象即监控方法

（1）CCP1：原料选择

原料进场时对其质量进行检验。

（2）CCP2：培养料灭菌

确保灭菌温度和压力指标。

（3）CCP3：制种接种

是否严格按照无菌室操作规程进行。

（4）CCP4：菌丝体培养

按照菌丝体生长发育阶段管理技术规程进行环境调控。

（5）CCP5：出耳管理

根据子实体生长发育不同阶段管理操作规程进行环境调控。

2. 频率

（1）CCP1：原料选择

配料过程中逐批检测。

（2）CCP2：培养料灭菌

每 30 min 检查一次。

（3）CCP3：制种接种

菌种制作和接种过程中。

（4）CCP4：菌丝体培养

每天检查 2 次温度、湿度计参数数据，查看菌丝体生长情况。

（5）CCP5：出耳管理

每天分上午、中午、晚上查看环境因子情况及子实体生长情况。

3. 监控人员

（1）CCP1：原料选择

质检人员。

（2）CCP2：培养料灭菌

灭菌工作人员。

（3）CCP3：制种接种

制种和接种人员。

（4）CCP4：菌丝体培养

技术人员。

（5）CCP5：出耳管理

技术人员。

七、纠偏措施

当关键限值（CL）发生偏离时，需分析产生的原因，根据产生的原因采取相应的有效措施尽快予以纠正，使生产加工过程的关键控制点再次受控。同时对失控时生产的木耳进行危害评估分析，确定对其处理方法。如果纠偏后关键限值（CL）仍偏离时，应考虑修改 HACCP 计划。具体的纠偏行动如下。

1. 纠偏措施（纠偏人员：各岗位操作人员）

（1）CCP1：原料选择

拒绝污染原料和相关指标不合格原料，停止配料生产。

（2）CCP2：培养料灭菌

调整灭菌的时间和压力，确保彻底灭菌。

（3）CCP3：制种接种

停止制种接种，立即处理已经污染的菌种和菌袋。

（4）CCP4：菌丝体培养

调节环境温度、湿度，除掉不合格的菌袋。

（5）CCP5：出耳管理

及时调节环境条件，除去不合格菌袋。

2. 关键限值偏离时木耳的处理

对关键限值偏离后生产的木耳，首先应确定数量并单独存放，然后作以下处理。

①抽取样品送实验室检验，如果农药与重金属残留、抗生素、漂白剂等检测结果符合有关要求（标准）时，将其并入合格木耳内，以待销售。

②抽取样品送实验室检验，如果农药与重金属残留、抗生素、漂白剂

等检测结果不符合有关要求（标准）时，销毁处理。

3. 纠偏行动记录

当关键限值（CL）偏离并采取纠偏行动时，须对纠偏行动进行记录，纠偏行动记录应该包括以下内容。

①产品确认：产品名称、数量、批号、日期等。

②偏离情况的描述。

③采取的纠偏行动，包括对产品的最终处理。

④完成纠偏行动的人员姓名、日期等。

⑤评估结果：必要时要有评估的结果（目前状态）。

八、验证程序

黑木耳标准化生产 HACCP 体系需要用一个生产周期进行综合性验证审核，由企业领导的 HACCP 小组进行内部审核验证。内审的目的是通过黑木耳标准化生产 HACCP 体系应用的文件（黑木耳标准化生产标准体系工作计划和 HACCP 工作计划）和记录的审查及现场的审核，评价 HACCP 运行与规定的符合性和实施的有效性，从中找出差距，改进自身的 HACCP 体系，提高产品的质量安全控制水平。内审的依据是企业制定的 HACCP 体系文件、相关的黑木耳国家标准、行业标准、地方标准、法律、法规和顾客合同。

木耳生产加工企业对本企业 HACCP 体系的验证包括确认、关键控制点（CCP）的验证以及 HACCP 系统的验证（审核和最终产品的取样检测）。

1. 确认

确认是获取 HACCP 计划各项要素有效运行证据的活动。确认是验证的必要内容，必须有充分的证据予以证实。为了保证 HACCP 计划有效地实施后，能够控制影响木耳产品质量安全的每一种潜在危害，因此在 HACCP 计划实施之前，必须首先得到确认。确认活动包括以下四方面：确认的内容、确认的方法、确认的频率和确认的人员。

（1）确认的内容（确认什么）

确认的内容是 HACCP 计划的各个组成部分，即由危害分析开始到最后的 CCP 验证的方法，对各个部分的资料及相关证据从科学和技术的角度进行复查。

（2）确认的方法（怎样确认）

确认方法是运用科学原理和数据，借助专家意见以及进行生产观察和检测等手段，对HACCP计划制订的每个步骤逐一进行技术上的认可。

（3）确认的人员（谁来确认）

确认是一项技术性很强的工作，因此，应该由HACCP小组内受过培训或经验丰富、有较高水平的人员来完成。

（4）确认的频率（何时确认）

①HACCP计划制订后，在实施前进行最初确认，以保证HACCP计划科学有效。

②在出现以下情况时，均需重新进行确认：原料改变；产品、场地及工序改变；验证数据与原数据不符；重复出现偏差；有关危害或控制手段出现新情况；生产观察有新问题；销售或食用方式改变。

2. 关键控制点（CCP）的验证

CCP验证是针对所设定的某一CCP的控制程序的验证。对木耳生产加工中5个CCP的验证活动包括以下5个方面：

①监控设备的校准；

②校准记录的复查；

③对原料及包装合格证明的审核记录的复查；

④针对性的取样检测；

⑤CCP记录的复查。

3. HACCP系统的验证

（1）审核系统

对HACCP系统的验证首先是审核整个HACCP系统。审核是指HACCP系统验证中收集所有信息的一种有组织的活动，需对最具有代表性的过程或步骤进行评估，因此，审核是验证中一种有组织收集信息的过程，是HACCP体系活动中对具有代表性控制过程或因素进行检查的一种方式。审核的形式包括现场观察和记录复查两部分。

①现场观察：现场观察的内容包括检查黑木耳的描述和生产流程图的准确性；检查CCP是否按HACCP计划的要求得到监控；检查关键控制点是否在既定的关键限值（CL）内运行；检查记录是否准确按要求的频率完成。

②记录复查：记录复查的审核内容包括监控活动是否在HACCP计划

规定的关键控制点进行；监控活动是否按 HACCP 计划规定的频率进行；当监控发生偏离关键限值（CL）时是否执行了纠偏行动；设备是否按照 HACCP 计划规定的频率进行了校准。

审核通常是由无偏见、不负责执行监控活动的人员完成，审核频率应以确保 HACCP 计划持续执行为基准，一般每半年一次，如果工艺过程和产品波动大，发现问题较多时审核频率应相对提高。

（2）验证频率

对木耳 HACCP 系统的验证频率为每间隔一年至少一次。工艺显著改变及系统发生故障时都应及时验证，验证频率可随受控系统的稳定性而决定。HACCP 系统的验证还包括每周抽取成品木耳送实验室检验，检验后填写的检测记录表。如果农药与重金属残留、抗生素等检测结果符合有关要求（标准）时，证明 HACCP 系统有效。

（3）重新验证

如果 HACCP 计划因生产工艺、设备改变或验证无效，须重新修改并填写"HACCP 计划修改记录表"。

九、记录保持程序

记录下的监控资料有现场实物照片，是显示 HACCP 工作计划关键控制点，控制状态的证据。5 个关键控制点的监控资料都要有系统的完整的记录，并存档建立长期的黑木耳标准化生产 HACCP 管理体系数据库，有利黑木耳产品从生产到消费供应链发生问题后进行追溯。

木耳 HACCP 计划的记录包括：HACCP 计划和用于制订 HACCP 计划的支持性文件；关键控制点（CCP）监控记录；纠偏行动记录；验证活动记录；卫生控制记录（当 SSOP 未列入 HACCP 计划时，此记录见 SSOP）。

1. HACCP 计划及其支持性文件

HACCP 计划的支持性文件包括用于制订 HACCP 计划的农药与重金属残留、抗生素等信息和资料，其中有书面的《危害分析工作单》以及进行危害分析及建立关键限值（CL）的任何信息和实验记录。除此之外，支持性文件也可是与有关顾问及专家进行咨询的书面记录和信件。另外它还包括 HACCP 小组名单及其各成员的职责，制订 HACCP 计划中采用的预期步骤和概要、必须具备的程序，也就是根据良好操作规范（GMP）要求制定的卫生标准操作程序（SSOP）等。

2. 关键控制点（CCP）的监控记录

在实施 HACCP 计划中，关键控制点（CCP）的所有监控记录应按监控时间、监控方法与设备、监控频率和监控人员的要求进行。监控记录包括：记录表名称、公司名称、时间和日期、产品信息（包括产品名称、包装规格、型号、流水线号和批号、表格适用范围等）、关键限值（CL）及其实际观察和测定结果、操作者的签名和检查日期、复查者的签名和复查日期等。

3. 纠偏行动的记录

纠偏行动的记录的主要内容是：产品确认，如产品描述、产品的数量等；偏离的描述及纠偏报告；采取的纠偏行动，包括受影响产品的最终处理以及采取纠偏负责人的姓名等。

4. 验证活动记录

验证活动记录是反映在实施 HACCP 体系中确定有关数据是否准确的证明，它包括对 HACCP 计划的修改记录、对原材料质量的检查检验记录、菌种选择时检查监测记录、灭菌温度和压力监测记录、养菌和出耳期间的巡查监测记录、采收检查和成品质量检验记录以及纠偏行动记录等有效性的审核记录。

5. 卫生控制记录

除关键控制点控制的显著危害外，由于生产加工过程中的其他危害通过卫生标准操作程序（SSOP）控制，因此卫生标准操作过程控制记录也是至关重要的，它至少包括 SSOP 所述的 8 个方面的监控和纠正记录，即：水的安全；食品接触面的卫生状况和清洁；防止交叉污染；手的清洁消毒设施以及卫生间设施的维护；防止外来污染物（也称掺杂物）的污染；有毒化合物的正确标识、贮存和使用；员工健康状况的控制；虫害防治。

以上记录中关键控制点（CCP）监控记录和关键限值（CL）偏离记录应该由企业专人进行复查，仪器校准记录和加工过程中检测记录的复查必须由培训合格的人员进行，上述记录都必须有复查者签名并注明复查日期。对关键控制点监控记录和关键限值纠偏记录的审核（复查）应在记录建立后一周内完成。仪器校准记录和加工过程中产生的检测记录应该按加工企业的书面程序在合理的时间进行复查。

以上各种记录都应妥善保管，便于存取。成品质量检验记录至少保存2年。计算机记录保留于机内，需用时随时调出查阅。

第四章
食用菌化学污染物检验检测技术

第一节　实验室基础

一、实验室常见器具及使用方法

1.试管

试管，化学实验室常用的仪器，用作少量试剂的反应容器，在常温或加热时（加热之前应该预热，不然试管容易爆裂）使用。

（1）试管的基本分类

试管根据其用途通常分为普通试管、具支试管和离心试管等。

①普通试管。

普通试管又分为平口试管、卷口试管和发酵试管，其规格以外径（mm）×长度（mm）表示，如 15×150、18×180、20×200等。

a.平口试管。圆底平口的玻璃管，管口熔光。平口，便于消毒杀灭管口细菌。

b.卷口试管。口部具有卷边（或圆口）的圆底玻璃管。卷口（或圆口）用以增加机械强度，同时便于夹持不易脱落。

c.发酵试管。为平口圆底试管。口径细而短，一般口径 6 mm、长 30 mm。

②具支试管。

具有侧支管的平口试管，它的侧支管主要用于与抽气管连接，管口用打好孔洞的橡胶塞插入过滤漏斗，用以代替微量过滤瓶，作微量过滤的接受瓶。

③离心试管。

又称离心管，为管状试样容器，可带密封盖或压盖。按照大小可分为大量离心管（500 mL、250 mL）、普通离心管（50 mL、15 mL）和微量离心管（2 mL、1.5 mL、0.65 mL、0.2 mL）；按照底部形状可分为锥形离心管（底部为锥形，是使用最多的离心管类型）、平底离心管和圆底离心管；按照盖子闭合方式可分为压盖离心管（以按压方式密封的离心管，常见于微型离心管）和螺旋盖离心管；按照材料可分为塑料离心管、玻璃离心管和钢制离心管。

a. 塑料离心管。优点是透明或半透明，硬度小，可用穿刺法取出梯度。缺点是易变形，抗有机溶剂腐蚀性差，使用寿命短。

b. 玻璃离心管。离心力不宜过大，需要垫橡胶垫，防止试管破碎，高速离心机一般不选用玻璃管。

c. 钢制离心管。硬度大，不变形，能抗热、抗冻、抗化学腐蚀，但使用时应避免接触强腐蚀性的化学药品，如强酸、强碱等。

（2）试管的基本用途

①盛取液体或固体试剂。

②加热少量固体或液体。

③溶解少量气体、液体或固体的溶质。

④离心时作为盛装的容器。

⑤用作少量试剂的反应容器，在常温或加热时使用。

（3）试管使用注意事项

①装溶液时不超过试管容量的1/2，加热时不超过试管容量的1/3。

②用滴管往试管内滴加液体时应悬空滴加，不得伸入试管口内。

③盛装块状固体时，先将试管平置，用镊子夹取固体放至试管口，然后慢慢竖起试管使固体滑入试管底，不能使固体直接坠入，防止试管底破裂。

④加热时使用试管夹，试管口不能对着人。加热盛有固体的试管时，管口应略向下倾斜，防止冷凝水倒流至试管底部而导致试管破裂；加热液体时，试管应倾斜，与水平面约成45°夹角。

⑤加热前要预热，加热时要保持试管外壁没有水珠，应用外焰加热，且要使试管受热均匀，以免暴沸或试管炸裂。

⑥试管加热后不能骤冷，也不能在未冷却至室温就进行洗涤，以防其破裂。

⑦使用试管夹夹取试管时，将试管夹从试管的底部往上套，以夹在距

试管口 1/3 处为宜。

2. 烧杯

烧杯是一种常见的实验室玻璃器皿，通常由玻璃或塑料制成，呈圆柱形，杯口有一个向外突出的凹形尖嘴，便于倾倒液体。

（1）烧杯的种类及规格

烧杯的种类和规格较多，一般分为低形烧杯、高形烧杯、夹套烧杯、塑料柄烧杯、染色烧杯等。有些烧杯外壁上有白色的容积标线，这种烧杯叫印标烧杯，也叫刻度烧杯，其分度并不十分精确，允许误差一般在 ±5%。

烧杯的规格以容积大小区分，常见的规格有 5 mL、10 mL、15 mL、25 mL、50 mL、100 mL、200 mL、250 mL、300 mL、400 mL、500 mL、600 mL、800 mL、1 000 mL、2 000 mL、3 000 mL、5 000 mL 等。

（2）烧杯的主要用途

①用作物质的反应器。

②溶解、结晶某物质。

③盛取、蒸发浓缩或加热溶液。

④盛放腐蚀性固体药品进行称重。

⑤外壁有刻度的烧杯，可以粗略估计烧杯中液体的体积。

（3）烧杯的使用方法

烧杯因其口径上下一致，取用液体非常方便，是做简单化学反应最常用的反应容器。烧杯外壁有刻度时，可估计其内的溶液体积。有的烧杯在外壁上亦会有一小区域呈白色或是毛边化，在此区域内可以用铅笔写字描述所盛物的名称。若烧杯上没有此区时，则可将所盛物的名称写在标签纸上，再贴于烧杯外壁作为标识之用。反应物需要搅拌时，通常以玻璃棒搅拌。当溶液需要移到其他容器内时，可以将杯口朝向有尖嘴的一侧倾斜，即可顺利地将溶液倒出。若要防止溶液沿着杯壁外侧流下，可用一支玻璃棒轻触尖嘴外沿，使杯中溶液沿玻璃棒顺利流下（引流）。

（4）烧杯使用注意事项

①给烧杯加热时，烧杯外壁须擦干，底部须垫上石棉网，以均匀供热。不能用火焰直接加热烧杯，以免烧杯受热不均而炸裂。

②用于溶解时，液体的量以不超过烧杯容积的 1/3 为宜，并用玻璃棒不断轻轻搅拌。溶解或稀释过程中，用玻璃棒搅拌时，不要触及杯底或

杯壁。

③盛液体加热时，不要超过烧杯容积的 2/3，一般以烧杯容积的 1/3 为宜。

④加热腐蚀性药品时，可将一表面皿盖在烧杯口上，以免液体溅出。

⑤不可用烧杯长期盛放化学药品，以免落入尘土或溶液中的水分蒸发。

⑥刻度烧杯上的分度值为近似容积，因此不能用其量取液体。

3. 容量瓶

容量瓶是一种细长颈梨形平底玻璃瓶，由无色或棕色玻璃制成，带有磨口玻璃塞，颈上有一刻度线。当瓶内液体在所指定温度下达到标线处时，其体积即为瓶上所注明的容积数。一种规格的容量瓶只能量取一个量。

（1）容量瓶常用规格

容量瓶规格有多种，如 5 mL、10 mL、25 mL、50 mL、100 mL、150 mL、200 mL、250 mL、500 mL、1 000 mL、2 000 mL 等，常用规格主要有 10 mL、25 mL、100 mL、250 mL、500 mL、1 000 mL 等。

（2）容量瓶主要用途

容量瓶主要用于配制准确浓度的溶液或定量地稀释溶液，它常和移液管配合使用，可把配成溶液的某种物质分成若干等份。

（3）容量瓶使用方法

以用固体物质配制溶液为例。

①检漏。向容量瓶中加水至刻度线，盖上瓶塞，颠倒 10 次（每次颠倒过程中要停留在倒置状态 10 s）以后不应有水渗出（可用滤纸片检查）；将瓶塞旋转 180° 再检查一次。经检查不漏水的容量瓶才能使用。

②洗涤。一般先用自来水洗涤，再用蒸馏水洗净（内壁不挂水珠）即可。污染较重时用铬酸洗液清洗内壁，然后用自来水和蒸馏水洗净。

③溶解。把准确称量好的固体溶质放在烧杯中，加入少量溶剂，搅拌使其溶解。若溶解过程放热，须将溶液放置至室温；若固体物质难溶，可盖上表面皿，稍加热，待完全溶解后将溶液放置至室温。

④转移。将玻璃棒一端靠在容量瓶颈内壁上，注意不要让玻璃棒其他部位触及容量瓶口，防止液体流到容量瓶外壁上，将溶液沿玻璃棒引流至容量瓶中。

⑤淋洗。为保证溶质能全部转移到容量瓶中，须用溶剂多次洗涤烧杯，并把洗涤溶液全部转移至容量瓶中。转移时要用玻璃棒引流。

⑥定容。向容量瓶内加入的液体液面离标线 1 cm～2 cm 时，应改用滴管小心滴加，最后使液体的弯月面（凹液面）的最低点与刻度线的上边缘水平相切，视线应在同一水平面。若不慎加液超过刻度线，则须重新配制。

⑦摇匀。盖紧瓶塞，将容量瓶倒转，使气泡上升到顶，此时可将瓶振荡数次。再倒转过来，仍使气泡上升到顶。如此反复 10 次以上，使瓶内液体混合均匀。

图 4-1 为配制 Na_2CO_3 溶液的步骤流程图。

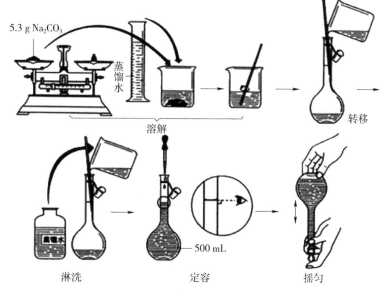

图 4-1　配制 Na_2CO_3 溶液

（4）容量瓶使用注意事项

①经检漏合格的容量瓶，应及时用细绳或橡皮筋将瓶塞和瓶颈上端拴在一起，以防丢失、摔碎或与其他瓶塞混淆。

②容量瓶的容积是特定的，刻度不连续，所以一种型号的容量瓶只能配制同一体积的溶液。在配制溶液前，先要弄清楚需要配制的溶液的体积，然后再选用相同规格的容量瓶。

③易溶解且不发热的物质可直接用漏斗倒入容量瓶中溶解，其他物质

基本不能在容量瓶里进行溶质的溶解，应将溶质在烧杯中溶解后转移到容量瓶里。定量转移时切勿洒出溶液。

④用于淋洗烧杯的溶剂总量不能超过容量瓶的标线。

⑤定容好的溶液经摇匀、静置后，即使发现液面低于容量瓶刻度线，也千万不要再向瓶内添加溶剂，因为这种现象是容量瓶内极少量溶液在瓶颈处润湿所损耗，并不影响所配制溶液的浓度。

⑥容量瓶不能进行加热。如果溶质在溶解过程中放热，要待溶液冷却后再进行转移，因为一般的容量瓶是在20 ℃的温度下标定的，若将温度较高或较低的溶液注入容量瓶，容量瓶则会热胀冷缩，所量体积就会不准确，导致所配制的溶液浓度不准确。

⑦容量瓶只能用于配制溶液，不能储存溶液，因为溶液可能会对瓶体造成腐蚀，从而使容量瓶的精度受到影响。

⑧容量瓶用毕应及时洗涤干净，自然沥干后塞上瓶塞，并在塞子与瓶口之间夹一纸条，防止瓶塞与瓶口粘连。

4. 移液管

移液管也称吸量管，是实验室常用于准确移取一定体积液体的量器。

（1）移液管的分类

移液管分单标线（胖肚）移液管和分度（刻度）移液管两种。

①单标线移液管。

单标线移液管也叫胖肚移液管，是一根细长而中间膨大的玻璃管，其下端为尖嘴状，上端管颈处刻有一条标线，膨大部分标有它的容积和标定时的温度。它是一种量出式仪器，用于准确测量它所移取溶液的体积，通常可精确到0.01 mL。其容量准确度级别分为A级和B级。

常用单标线移液管的规格有2 mL、5 mL、10 mL、20 mL、25 mL、50 mL、100 mL等，其对应技术参数如表4-1所示。

表4-1　不同规格单标线移液管的技术参数

标称容量（mL）		2	5	10	20	25	50	100
容量允差（mL）	A级	±0.010	±0.015	±0.020	±0.030		±0.05	±0.08
	B级	±0.020	±0.030	±0.040	±0.060		±0.10	±0.16
水的流出时间（s）	A级	7～12	15～25	20～30	25～35		30～40	35～40
	B级	5～12	10～25	15～30	20～35		25～40	30～40

②分度移液管。

分度移液管又称刻度移液管或分度吸量管。它是带有分度线的直型管状量出式仪器，下端为尖嘴状，常用来移取小体积溶液。其容量精度低于移液管，准确度级别分为 A 级和 B 级。常用分度移液管的规格有 1 mL、2 mL、5 mL、10 mL 等，依据其使用方法的不同通常可分为以下几种。

a. 规定等待时间 15 s 的移液管。这类移液管的容量准确度均为 A 级。其形式为完全流出式，有零位在上和零位在下两种。液面降至流液口处静止时，应等待 15 s，再从受液容器中移走移液管。

b. 不规定等待时间的移液管。这类产品分为 A 级和 B 级。不规定等待时间，其形式为不完全流出式，零位在上。即一旦确定液面已静止，吸量管即可与受液容器脱离接触。

c. 快流速和吹出式移液管。这类移液管的容量准确度均为 B 级。不规定等待时间，其形式为完全流出式，有零位在上和零位在下两种。快流速的产品上标示"快"字，吹出式产品上标示"吹"字。使用吹出式移液管的全容量时，液面降至流液口静止后随即将最后一滴残留液一次吹出。这两种移液管流速快、准确度低，适于仪器分析实验中添加试剂，一般不用于移取标准溶液。

（2）移液管的使用方法及注意事项

①选管。根据所移溶液的体积和要求选择合适规格的移液管，滴定分析中准确移取液体一般使用 A 级移液管。使用前，应检查移液管的管口和尖嘴有无破损，若有破损则不能使用。选择适当规格的洗耳球配合使用。

②洗涤。移液管是带有精确刻度的容量仪器，不宜用刷子刷洗。先用自来水淋洗，若内壁仍挂水珠，则用装有洗涤液的超声波洗涤，最后再用自来水和纯化水淋洗。洗净后的移液管内壁应不挂水珠。

③润洗。移取溶液前，先用少量待吸溶液润洗 3 次。方法是：用左手持洗耳球（可根据个人习惯调整），将食指放在洗耳球上方，其他手指自然地握住洗耳球；同时，右手拇指和中指拿住移液管标线以上部分，食指靠近移液管口，无名指和小指辅助拿住移液管，将管的下口插入欲吸取溶液中，左手食指挤压洗耳球排出球中空气，再将球的尖嘴密接在移液管上口，慢慢松开压扁的洗耳球使溶液吸入管内，待吸入溶液至管容积约 1/4 时，立即用右手食指堵住管口（尽量勿使溶液回流，以免稀释），取出，横持，左手托住移液管尖嘴端没沾溶液部分，右手食指松开，转动移液管

使溶液润湿管内壁。当溶液流润湿至距上口 2 cm～3 cm 时，将管直立，使溶液由流液口放出，弃去。如此反复润洗 3 次。

④吸液。移液管经润洗后，移取溶液时，将管尖插入待吸液液面下 1 cm～2 cm 处（管尖插入液面不应太浅，以免液面下降后造成吸空；也不应伸入太深，以免管外壁附着过多溶液），逐渐放松洗耳球，使管中液面缓慢上升，同时调整管尖与液面的位置，使管尖始终保持在液面以下，以免吸空。当管中液面上升至标线以上时，迅速移去洗耳球，同时用右手食指按紧管口。

⑤调节液面。将移液管向上提升离开液面，管的末端仍靠在盛溶液器皿的内壁上，管身保持直立，略微放松食指（有时可微微转动吸管）使管内液面缓慢下降，当弯月面最低点与移液管标线水平相切时（视线与标线在同一水平面），立即用食指压紧管口，将管尖端的液滴靠壁去掉，移出移液管，用滤纸将沾在移液管外壁的液体擦掉，再将移液管插入承接移液的器皿中。

⑥放出溶液。左手改拿接受溶液容器，并将容器倾斜，将移液管移入容器中，保持管垂直，管尖紧贴容器内壁，并使管与器壁成30°左右，然后放松右手食指，使溶液自然顺器壁流下。若使用的移液管未标明"吹"字，则待溶液流尽后，等 15 s 左右，移出移液管；若使用的移液管标有"吹"字，则待溶液流尽后，直接用洗耳球一次吹出管尖残留溶液，移出移液管。实验完成后要及时将移液管洗涤干净放置于移液管架上。

5. 烧瓶

烧瓶通常具有圆肚细颈的外观，是实验室中常用的有颈玻璃器皿，因可以耐一定的热而被称作烧瓶。

（1）烧瓶的分类和用途

烧瓶随其外观的不同可分圆底烧瓶、平底烧瓶、锥形瓶、蒸馏烧瓶等。它的细颈窄口是用来防止溶液溅出或是减少溶液的蒸发，并可配合橡皮塞的使用，来连接其他玻璃器材。因此，在化学实验中，试剂量较大而又有液体物质参加反应以及当溶液需要长时间反应或加热回流时，一般都会选择使用烧瓶作为容器。烧瓶都可用于装配气体发生装置。

①圆底烧瓶。

圆底烧瓶为底部呈球状的透明玻璃烧瓶。它是一种化学实验中常用的加热与反应容器，用途广泛。由于圆底烧瓶底部厚薄较均匀，又无棱无角，因此能够承受较大的温度变化，可长时间强热使用，但瓶内溶液不能超过烧瓶容积的 1/2，否则太多溶液在沸腾时容易溅出或导致瓶内压力过大而发生爆炸，且不能用火焰直接加热，一般要垫上石棉网，与铁架台等夹持仪器配合使用。

②平底烧瓶。

平底烧瓶是一种实验室用玻璃容器，用作反应器，主要用来盛装液体物质，主要有 100 mL、250 mL、500 mL、1 000 mL、2 000 mL 等多种规格，广泛应用于有机合成和无机制备的实验中，多用于需要长时间反应的有机实验中。常用于装配气体发生器。

平底烧瓶一般用作室温下的反应器，也可以轻度受热，但火焰加热时需要垫石棉网，确保底部受热均匀，同时瓶内溶液不能超过烧瓶容积的 1/2，以免太多溶液在沸腾时溅出或瓶内压力太大而发生爆炸。平底烧瓶不能用作强加热的反应器。

③锥形瓶。

锥形瓶又名三角烧瓶、依氏烧瓶、锥形烧瓶、鄂伦麦尔瓶，是由硬质玻璃制成的纵剖面呈三角形状的滴定反应器。口小、底大，利于滴定过程振荡时反应充分而液体不易溅出。该容器可在水浴或电炉上加热。外观呈平底圆锥状，下阔上狭，有一圆柱形颈部，上方有一较颈部阔的开口，可用由软木或橡胶制作成的塞子封闭。瓶身上多有数个刻度，以标示所能盛载的容量。

锥形瓶容量由 50 mL 至 250 mL 不等，亦有小至 10 mL 或大至 2 000 mL 的特制锥形瓶，常用于盛装反应物、定量分析和回流加热等，一般多用于滴定实验中。为防止滴定液下滴时溅出瓶外，造成实验误差，可将瓶子放磁搅拌器上搅拌，也可用手握住瓶颈以手腕晃动，搅拌均匀。锥形瓶亦可用于普通实验，制取气体或作为反应容器。其锥形外观相对稳定，不易倾倒；长颈部分除了便于加装塞子，亦能减慢加热时的流失及避免化学物品溢出；平而宽阔的底部使锥形瓶能盛载更多的溶液、便于玻璃棒搅拌及平放在桌上。由于锥形瓶十分常见，且形状有趣，所以常被当作化学实验或化学相关的象征，散见于标志及指示中。

锥形瓶一般不用来存储液体，作为反应器时注入的液体不能超其容积的 1/2，振荡时须同向旋转。加热前要将外部擦干，火焰加热时要垫上石棉网。使用后要用专用洗涤剂清洗干净，烘干后于清洁干燥处保存。

④蒸馏烧瓶。

蒸馏烧瓶是一种用于液体蒸馏或分馏物质的玻璃容器，瓶颈处有一略向下伸出的细玻璃管，可用于引流，常与冷凝管、接液器配套使用，也可装配气体发生器。加热时要垫石棉网，也可以用其他热浴加热。加热时瓶内液体量不超过容积的2/3，不少于容积的1/3。配置附件（如温度计等）时，应选用合适的橡胶塞，特别注意检查气密性是否良好。蒸馏时最好事先在瓶底加入少量沸石，以防暴沸。蒸馏完毕必须先关闭活塞后再停止加热，防止倒吸。

（2）烧瓶的使用注意事项

①烧瓶的瓶口没有向外突出的凹形尖嘴，倾倒溶液时更易沿外壁流下，所以通常会用玻璃棒引流。

②烧瓶因瓶口很窄，不适用玻璃棒搅拌，若需要搅拌时，可以手握瓶口微转手腕即可顺利搅拌均匀。若加热回流时，则可于瓶内放入磁搅拌子，以加热搅拌器加以搅拌。

③若烧瓶连接有导管等，待实验完毕后一律先关闭活塞或撤去导管，再撤去热源，以防止倒流；静置冷却后，再处理废液，进行洗涤。

6. 量筒

量筒是实验室中使用的一种液体量器，为竖长的圆筒形，筒壁自下而上标有刻度，上沿有一个向外突出的凹形尖嘴，下部有宽脚，圆筒壁上刻有容积量程。

（1）量筒的规格和用途

量筒主要用玻璃制造，少数（特别是大型的）用透明塑料制造，一般有 5 mL、10 mL、25 mL、50 mL、100 mL、250 mL、500 mL、1 000 mL等规格，通常只用于精度要求不很严格的粗略量取，一般应用于定性分析方面，不用于定量分析。

（2）量筒的使用方法和注意事项

①量筒没有 "0" 刻度，一般起始刻度为总容积的 1/10。

②量筒的刻度是指温度在 20 ℃时的体积数。温度升高，量筒发生热膨胀，容积会增大。由此可知，量筒是不能加热的，也不能用于量取过热的液体，更不能在量筒中进行化学反应或配制溶液。

③向量筒里注入液体时，应左手拿住量筒，使量筒略倾斜，右手拿试剂瓶，瓶口紧挨着量筒口，使液体缓缓流入。注入液体后，等 1 min～

2 min，使附着在内壁上的液体流下来，再读出刻度值，否则读出的数值偏小。观察读数时，实验人员要手拿量筒使其自然垂直，刻度面向使用者，视线要与液体的凹液面的最低处（或凸液面的最高处）保持水平。

④量筒外壁刻度都是以 mL 为单位，10 mL 量筒每小格表示 0.2 mL，而 50 mL 量筒每小格表示 1 mL。可见量筒越大，管径越粗，其精确度越小，由视线的偏差所造成的读数误差也越大。所以，实验中应根据所取溶液的体积，尽量选用能一次量取的最小规格的量筒。分次量取也容易引起较大误差。如量取 70 mL 液体，应选用 100 mL 量筒。

7. 滴定管

滴定管是准确测量放出液体体积的量器，其为一细长的管状容器，一端具有活栓（或玻璃珠）开关，其上具有刻度指示量度。一般在上部的刻度读数较小，靠底部的读数较大。

（1）滴定管分类

①按容积分为常量滴定管、半微量滴定管和微量滴定管。

a. 常量滴定管。最常用的是容积为 50 mL（20 ℃）的滴定管，其最小分度值为 0.1 mL，读数可估读到 0.01 mL。此外，还有容积为 100 mL 和 25 mL 的常量滴定管，最小分度值也是 0.1 mL。

b. 微量滴定管。是测量小量液体时用的滴定管，容积有 1 mL～5 mL 各种规格，最小分度值为 0.005 mL 或 0.01 mL。

②按用途分为酸式滴定管和碱式滴定管。

a. 酸式滴定管。又称具塞滴定管，它的下端有玻璃旋塞开关，用来装酸性、中性及氧化性溶液，不能装碱性溶液，如 NaOH 等。

b. 碱式滴定管。下端带有尖嘴玻璃管和胶管连接，适用于装除酸性溶液和强氧化性溶液以外的溶液。如高锰酸、碘、硝酸银等溶液具有强氧化性，能与乳胶管发生反应，故不能用碱式滴定管。

有些需要避光的溶液，如硝酸银、高锰酸钾溶液等，应采用棕色滴定管。

（2）滴定管的使用方法

①滴定前准备。

a. 洗涤。自来水→洗液→自来水→蒸馏水。

b. 涂凡士林。活塞的大头表面和活塞槽小头的内壁。

c. 检漏。将滴定管内装水至最高标线，夹在滴定管夹上放置 2 min。

酸式滴定管需用滤纸检查活塞两端和管夹是否有水渗出，然后将活塞旋转180°，再检查一次；碱式滴定管可直接观察是否漏水，如果漏水应更换橡皮管或大小合适的玻璃珠。

d. 润洗。为保证滴定管内的标准溶液不被稀释，应先用标准溶液润洗滴定管 3 次，每次 5 mL～10 mL。

e. 装液。检查并确定滴定管的活塞处于关闭状态，然后将试剂瓶中的标准溶液摇匀，左手拿住滴定管上部无刻度处，稍微倾斜以便接受溶液，右手拿住试剂瓶往滴定管中慢慢倒入溶液，直到溶液充满零刻度以上为止。装液时，一定要用试剂瓶直接装入。若标准溶液在容量瓶中，则由容量瓶直接装入。

f. 排气泡。滴定管装液后，应检查活塞下端或橡皮管内有无气泡。酸式滴定管可以迅速转动活塞，使溶液急速流出，以此排除出气泡；碱式滴定管应先将玻璃管稍稍倾斜，并将橡皮管向上弯曲使管嘴朝上，然后挤捏玻璃珠使溶液从尖嘴喷出，气泡随之排出。

g. 调零点。调整液面与零刻度线相平，初读数为"0.00 mL"。

h. 读数。读数时滴定管应竖直放置；注入或放出溶液时，应静置 1 min～2 min 后再读数；初读数最好为 0.00 mL；无色或浅色溶液读弯月面最低点，视线应与弯月面水平相切；溶液颜色过深不易观察下缘时，应读取液面上缘最高点；读数时要估读一位。

②滴定操作。

a. 将滴定管夹在右边。酸式滴定管：活塞柄向右，左手大拇指在前，食指和中指在后，手指微微弯曲，轻轻向内扣住活塞柄，慢慢转动活塞控制溶液流速。注意手心不要顶住活塞，以免影响活塞转动，甚至将活塞顶出。碱式滴定管：左手拇指在前，食指在后，挤捏玻璃珠上部的橡皮管，使其与玻璃珠之间形成一条缝隙，溶液即可流出。注意不要挤捏玻璃珠下部的橡皮管，也不可使玻璃珠上下移动，否则空气进入会形成气泡。

b. 滴定操作可在锥形瓶或烧杯内进行。在锥形瓶中进行滴定，用右手的拇指、食指和中指拿住锥形瓶，其余两指辅助在下侧，使瓶底离滴定台高 2 cm～3 cm，滴定管下端深入瓶口内约 1 cm。左手控制滴定速度，边滴加溶液，边用右手摇动锥形瓶，使瓶内溶液向同一方向旋转。

（3）滴定管的使用注意事项

①装液后，要确定滴定管下端气泡排尽。

②两种滴定管不可混用，酸式滴定管不得装碱性溶液，碱式滴定管不得装对橡皮管有腐蚀性（强氧化性或酸性）的溶液。

③滴定时，最好每次都从 0.00 mL 开始。

④酸式滴定管滴定时，左手不能离开旋塞，不能任溶液自流。

⑤终点值 5 s 后再读数。读数时要特别注意眼睛与液面保持在同一水平面上，如果滴定管装无色溶液或浅色溶液，则读取弯月面下缘最低点处；如果溶液颜色太深导致无法观察下缘时，应从液面最上缘读数。

⑥摇瓶时，应转动腕关节，使溶液向同一方向旋转，左旋、右旋均可，但不能前后振动，以免溶液溅出。同时，摇瓶要有一定速度，以能使溶液旋转出漩涡为宜，否则影响化学反应的进行。

⑦滴定时，一定要注意观察滴落点周围颜色的变化，不要过多关注滴定管中液面的变化。

⑧滴定速度控制。开始时可稍快，用"见滴成线"连续滴加的方式，速度为 10 mL/min，即每秒 3 滴~4 滴，注意不能滴加过快形成"水线"；接近终点时，应改为一滴一滴的间隔滴加方式，即加一滴摇几下，再加再摇；临近终点时，需要改为半滴滴加方式，即加半滴摇几下，直至溶液出现明显的颜色变化，再使悬而不落的一滴沿器壁流入瓶内，并用蒸馏水冲洗瓶颈内壁，再充分摇匀。

⑨半滴的控制和吹洗。用酸管时，可轻轻转动旋塞，使溶液悬挂在出口管嘴上，形成半滴，用锥形瓶内壁将其沾落，再用洗瓶吹洗。对于碱管，加上半滴溶液时，应先松开拇指和食指，将悬挂的半滴溶液沾在锥形瓶内壁上，再放开无名指和小指，这样可避免出口管尖出现气泡。滴入半滴溶液时，也可采用倾斜锥形瓶的方法，将附于壁上的溶液涮至瓶中，这样可以避免吹洗次数太多，造成被滴物过度稀释。

⑩试验完成后，应将滴定管洗涤干净并垂直倒立安装于架台上。

8. 分液漏斗

分液漏斗是一种玻璃实验仪器，包括斗体、斗盖以及斗体下口处安装的活塞。

（1）分液漏斗的分类及用途

依据外观形状分液漏斗可分为球型分液漏斗、梨型分液漏斗和筒型分液漏斗等。球型分液漏斗的颈较长，多用于在固—液或液—液反应发生装置中滴加反应液，便于控制加液量和反应速率；梨型分液漏斗的颈比较短，多用于物质分离提纯时的萃取分液，对萃取后形成的互不相溶的液体进行分离。实验室常用的分液漏斗规格有 60 mL、125 mL 等。

（2）分液漏斗的使用方法及注意事项

①活塞涂油。使用前将漏斗颈上的旋塞芯取出，涂上凡士林，但不可太多，以免阻塞流液孔。将旋塞芯插入塞槽内转动使油膜均匀透明，且转动自如。

②漏液检查。关闭旋塞，往漏斗内注水，检查旋塞处是否漏水，不漏水的分液漏斗方可使用。

③加入液体。将待试样溶液加入分液漏斗内，再加入萃取溶剂，液体总体积不能超过总容积的 3/4。

④振荡操作。盖上塞子，把分液漏斗倾斜，使漏斗放液口朝上，从外向里轻摇，旋开旋塞，缓慢放气，继续振摇，使液体充分混合，振摇过程中注意放气。不能用力过大，防止造成乳化。

⑤静置。振摇完毕将分液漏斗放在漏斗架上静置，将磨口塞上的凹槽与漏斗口颈上的空气孔对齐，确保漏斗内外的空气相通。

⑥分离液体。当液体有清晰分层后，就可进行分液。分液时应遵循"下流上倒"的原则即：打开旋塞，让下层液体应经旋塞放出，待液体放出 2/3 后，静止 1 min，再放剩下的液体，当下层液面快到旋塞口时，注意放慢液体流速，控制在下层液体刚好全部流出时关闭旋塞；上层液体从上口倒出。

⑦漏斗用完后要洗涤干净。长时间不用的分液漏斗要把旋塞处擦拭干净，塞芯与塞槽之间放一纸条，以防磨砂处粘连，同时用橡皮筋套住塞芯，以防掉落。

二、实验室用水

1. 水质级别

按照 GB/T 6682—2008《分析实验室用水规格和试验方法》的规定，分析实验室用水的原水应为饮用水或适当纯度的水，并将实验室用水分为三级：一级水、二级水和三级水。

通常所说的蒸馏水、去离子水、反渗水等说法不够确切，蒸馏、去离子或反渗透只是制水的不同方式，制出的水还应符合标准的要求。

水质等级评价技术指标见表 4-2。

表 4-2　水质指标要求

名称	一级	二级	三级
pH 值（25 ℃）	—	—	5.0～7.5
电导率（25 ℃）（mS/m）	≤0.01	≤0.10	≤0.50
可氧化物质含量（以 O 计）（mg/L）	—	≤0.08	≤0.4
吸光度（254 nm，1 cm 光程）	≤0.001	≤0.01	—
蒸发残渣（105 ℃ ±2 ℃）含量（mg/L）	—	≤1.0	≤2.0
可溶性硅（以 SiO$_2$ 计）含量（mg/L）	≤0.01	≤0.02	—

注：用于一级、二级水测定的电导率仪，要配备电极常数为 0.01 cm^{-1}～0.1 cm^{-1} 的"在线"电导池，并配有温度补偿功能。用于三级水测定的电导率仪，要配备电极常数为 0.1 cm^{-1}～1 cm^{-1} 的电导池，并配有温度补偿功能。

2. 水质的测定

验证实验室用水的符合性，需要按照 GB/T 6682 中规定的试验方法对水的 pH 值、电导率、可氧化物质含量、吸光度、蒸发残渣以及可溶性硅等指标进行测定，并做好相关记录。

无论是自制或购买的纯水都应符合规定，方可使用。

3. 试验用水

（1）一级水

用于有严格要求的分析试验，包括对颗粒有要求的试验。如高效液相色谱分析用水。一级水可用二级水经过石英设备蒸馏或交换混床处理后，再经 0.2 μm 微孔滤膜过滤来制取。

（2）二级水

用于无机衡量分析等试验。如原子吸收光谱分析用水。二级水可用多次蒸馏或离子交换等方法制取。

（3）三级水

用于一般化学分析试验。三级水可用蒸馏或离子交换等方法制取。

三、化学试剂

化学试剂是进行化学研究、成分分析的相对标准物质，在化学试验、化学分析、化学研究及其他试验中使用的各种纯度等级的化合物或单质。

1.化学试剂的分类

（1）按类别分类

①无机试剂：按单质、氧化物、碱、酸、盐分出大类后，再考虑性质进行分类。

②有机试剂：按烃类、烃的衍生物、糖类蛋白质、高分子化合物、指示剂等进行分类。

（2）按状态分类

可分为固体试剂、液体试剂。

（3）按性能分类

可分为危险试剂（如易燃试剂、易爆试剂、毒害性实际、氧化性试剂、腐蚀性试剂等）和非危险试剂（如易光解试剂、易热解试剂、已冻结试剂、易风化试剂、易潮解试剂等）。

（4）按用途分类

可分为通用试剂和专用试剂。通用试剂又可分为一般试剂、基准试剂和高纯试剂；专用试剂又可分为色谱试剂、生化试剂、光谱试剂、分光纯试剂和指示剂等。

2.化学试剂的分级

按照国家标准，根据试剂中所含杂质的多少，通常分为优级纯、分析纯、化学纯和实验纯四个等级。此外，还有基准试剂、高纯试剂（如色谱纯试剂、光谱纯试剂）等。

（1）优级纯试剂

优级纯试剂亦称保证试剂，为一级品，纯度高，杂质极少，主要用于精密分析和科学研究，常以 GR 表示，贴绿色标签。

（2）分析纯试剂

分析纯试剂亦称分析试剂，为二级品，纯度略低于优级纯，杂质含量略高于优级纯，适用于重要分析和一般性研究工作，常以 AR 表示，贴红色标签。

（3）化学纯试剂

化学纯试剂为三级品，纯度较分析纯差，但高于实验试剂，适用于工厂、学校一般性的分析工作，常以 CP 表示，贴蓝色标签。

（4）实验纯试剂

实验纯试剂为四级品，纯度比化学纯差，但比工业品纯度高，主要用于一般化学实验，不能用于分析工作，常以 LR 表示，贴黄色标签。

（5）基准试剂

可用作基准物质的试剂叫作基准试剂，也可称为标准试剂。基准试剂可直接配制标准溶液，也可用于校正或标定其他非基准物质，实验室暂无储备时，一般可由优级纯试剂担当。基准试剂应具备以下特点。

①组成与其化学式严格相符。

②纯度足够高，级别一般在优级纯以上。

③性质很稳定，可以长期保存。

④参加反应时按反应式定量地进行，不发生副反应。

⑤有较大的分子量，在配制标准溶液时称量误差相对较小。

（6）高纯试剂

纯度远高于优级纯的试剂叫作高纯试剂。是在通用试剂基础上发展起来的，是为了专门的使用目的而用特殊方法生产的纯度最高的试剂。其表达方式有多种，其中之一是以几个"9"表示，如 99.99%（简写为 4N）、99.999%（简写为 5N）等，"9"的数目越多表示纯度越高。另外还有以应用领域表示的，如光谱纯、色谱纯等。

3. 化学试剂的贮存

①化学试剂在贮存过程中要采用合理适当的条件，保证化学试剂在贮存过程中不变质，避免化学试剂和容器被阳光直射。

②化学物品（包括废液）应根据其性质和相互间反应活性分类放置，防止交叉污染。不相容的化学品应分开存放，若存放在同一工作区域时，应有预防措施，有效防止其不慎接触或混合。

③挥发性、毒性的物质应存放在连续通风的通风柜中，远离热源。

④化学试剂贮存场所应有通风换气设施，有效保障保管、领用人员身体健康。

⑤有机试剂不能装在容量瓶中放入冰箱储存。

⑥应建立试剂出入库台账。

4. 易制毒化学品和易燃易爆危险化学品管理

①易制毒化学品管理须遵照《易制毒化学品管理条例》相关规定，易燃易爆危险化学品管理须遵照《易制爆危险化学品治安管理办法》相关规定。

②易制毒化学品、易燃易爆危险化学品要分类单独存放于阴凉通风的

试剂柜中，最高室温不能超过 30 ℃。

③不宜存放过多易制毒或易燃易爆危险化学品，存放化学品的柜子须双人双锁，钥匙分别由两人保管，必须两人一同方可取出、放回化学品，且有详细的出入库记录。

④检测室不宜一次性领用过多的易制毒或易燃易爆危险化学品，使用剩余的化学品须及时归库管理，确保不流入实验室之外。

5. 溶液浓度的表示方法

单位溶液中所含溶质的量叫作该溶液的浓度。溶质含量越多，浓度越大。常用的溶液浓度表示方法有物质的量浓度、质量分数、体积分数以及质量 – 体积浓度等。

（1）物质的量浓度

物质的量浓度是指溶液中溶质的物质的量除以混合物的体积，用符号 c 表示，即：c（mol/L）$= n$（mol）$/V$（L）。例如：配制 1 mol/L 的氯化钠溶液时，氯化钠的摩尔质量为 23+35.5=58.5（g/moL），故称取 58.5 g 氯化钠，加水溶解，定容至 1 000 mL 即可获得 1 mol/L 的氯化钠溶液。

（2）质量分数

质量分数是指混合物中某种物质质量占总质量的百分比，一般质量分数用 ω 表示。例如，20 g 食盐溶液中有食盐 1 g，那么此食盐溶液中食盐的质量分数为：ω=1/20 × 100%=5%。

（3）体积分数

体积分数是指溶质（液体）B 的体积（V_B）占混合后溶液总体积（V）的百分数，以 φ_B 表示，$\varphi_B=V_B/V$。在理想状态下，溶液的体积有加成性，即溶液总体积等于所有成分混合前的体积和，此时的体积分数也可称为体积浓度。在对浓度要求不太精确时，V_B 可按理想状态对待，如配制 75% 的医用乙醇即 75 单位体积的乙醇加 25 单位体积的水；勾兑 35° 的酒即 35 单位体积的乙醇加 65 单位体积的水。

（4）质量 – 体积浓度

质量 – 体积浓度指用单位体积溶液中所含的溶质质量数来表示的浓度，质量 – 体积浓度 = 溶质的质量数（g、mg 或 μg）/ 溶液的体积（m³、L 或 mL），以符号 g/m³、mg/L 或 μg/mL 表示，例如，1 L 含铬废水中含六价铬质量为 2 mg，则六价铬的浓度为 2 mg/L。

6. 溶液配制与保存过程中的注意事项

①硫酸溶液配制时，一定要缓慢将硫酸加到水中，不能将水加到硫酸中。配制时，最好采取冷却措施。

②见光易分解的溶液要避光保存。如硝酸盐、溴化银、碘化银、次卤酸盐等溶液需要贮存于棕色瓶中。

③在空气中易被氧化的溶液要现用现配。如硫酸亚铁、氢氧化亚铁、氯化亚铜等溶液。

④标准滴定溶液应按照 GB/T 601—2016《化学试剂 标准滴定溶液的制备》进行配制。

⑤元素标准溶液按 GB/T 602—2002《化学试剂 杂质测定用标准溶液的制备》进行配制。

⑥试剂及制品的制备按 GB/T 603—2002《化学试剂 试验方法中所用制剂及制品的制备》进行配制。

⑦标准滴定溶液标定时，须两人进行实验，分别各做四个平行。单人四平行测定结果极差的相对值不得大于重复性临界极差的相对值 0.15%；两人八平行测定结果极差的相对值不得大于重复性临界极差的相对值 0.18%。在满足以上条件的前提下，取两人八平行测定结果的平均值为测定结果，浓度值取 4 位有效数字。

⑧检查标准物质和标准溶液是否在有效期内。标准溶液一般分为标准滴定溶液、农兽药标准溶液和元素标准溶液。标准溶液的有效期可参考 GB/T 27404—2008《实验室质量控制规范 食品理化检测》。

a. 标准滴定溶液。常温下保存，有效期 2 个月，浓度小于 0.2 mol/L 时，应在使用前稀释配制。

b. 农兽药标准溶液。500 mg/L～1 000 mg/L 标准储备液，保存在 0 ℃ 左右冰箱中，有效期 6 个月；0.5 mg/L～1 mg/L 或适当浓度的标准工作溶液，保存在 0 ℃～5 ℃的冰箱中，有效期 2 周～3 周。

c. 元素标准溶液。100 mg/L 标准储备液，保存在 0 ℃～5 ℃冰箱中，有效期 6 个月；1 mg/L～10 mg/L 或适当浓度的标准工作溶液，保存在 0 ℃～5 ℃冰箱中，有效期为 1 个月。

⑨标准溶液应有专人配制、标定、校验和定期复验，并应有记录，贮存容器和场所应符合要求。标准物质和标准溶液应有唯一性管理编号，以便可以溯源。

⑩溶液要用带塞或带盖的试剂瓶盛装，根据它们的性质妥善保存。如：见光易分解的溶液要装于棕色瓶中，并放置在暗处；能吸收空气中二氧化碳并能腐蚀玻璃的强碱溶液要装在塑料瓶中；盐酸或硫酸标准滴定溶液于磨口玻璃瓶中保存，氢氧化钠标注滴定溶液于聚乙烯瓶中保存；农兽药标准溶液应放入储液瓶中保存；元素标准溶液应放入玻璃或塑料试剂瓶中保存。

⑪溶液瓶上应贴有标签，注明溶液名称、浓度、介质、配制日期、配制人和有效期，标准滴定溶液标签还应有标定人。当介质是水时可不标出，介质为非水物质时应标明介质。标签的颜色应与试剂的级别一致。

四、称量

1.定义

称量是指用天平测量物质质量的过程。

使用天平称量时应注意以下事项。

①天平室的温度要控制在 18 ℃～30 ℃，室内不能有明显空气流动。

②使用前应先检查天平是否水平，并进行预热。

③被称量物体的质量不能超过天平的量程。

④称量前先将样品搅拌均匀。

⑤称量标准物质时，不能放在称量纸上称量，要称到烧杯中。

⑥称量易吸水的药品，如氢氧化钠，不能放在称量纸上称量，要称到烧杯中。

⑦有玻璃门的天平，关上玻璃门后再读数。

⑧称量所选天平的感量，可根据结果计算要求的有效数位决定。

2.称量方法

（1）确定量称量

如"称取 0.5 g 试样，精确到 1 mg"，可理解为测量值共有 3 位有效数字，其第一位必须是"5"，如可称取 0.512 g。

（2）大约量称量

如"称取约 0.5 g 试样，精确到 1 mg"。"称取约 0.5 g"指的是近似值，近似程度规定为 10%，试样测量值其小数点后第一、第二位数字应处在 0.45 g～0.55 g 之间，如果称样量超过这个范围就要重新称量。

五、仪器设备管理

1. 建立设备档案

每台仪器设备都应建立档案，应有完整的技术资料，包括：仪器设备名称、型号规格、出厂编号及唯一性编号；制造商名称；接收日期和启用日期；当前放置的场所及验收记录、接收时的状态；使用说明书、检定 / 校准证书；期间核查记录（如果适用，指明存放的位置）；操作规程（大型仪器）、维护计划；损坏、故障、改装或修理记录；使用及维护记录等。

2. 实行标志管理

仪器设备应有唯一性标识，并贴有计量状态标识。使用的测量器具（对检验结果的准确性和有效性有影响）均应溯源到国家计量基准。经检定、校准后的仪器设备应贴有"三色"状态标识。仪器修复后应重新检定、校准，证明其性能恢复；对于影响检测工作质量又不需要检定或校准的设备，须经比对或功能检查，确定其功能是否正常，也应用三色标识标明其状态。状态标识应包括检定 / 校准、比对 / 检查日期、有效期、检定 / 校准或比对 / 检查单位、设备编号、使用人等。

3. 科学规范使用

仪器使用人员应经过培训，熟练掌握仪器设备的性能和操作规程，操作过程中应严格按照规定程序进行，避免误操作或使用超计量周期的仪器设备。发现仪器异常时，应立即停止操作，并进行原因分析，必要时按程序报修。使用过程中应做好仪器设备使用记录，内容包括开机时间、关机时间、样品（或试剂、标准物质）编号、开机（关机）状态、环境因素（如果需要）、使用人等。记录应使用钢笔或签字笔，做到及时、规范、字迹清晰，不得使用省略号等不规范表述。仪器设备一览表中的所有仪器设备均应有使用记录，并按质量体系文件要求定期归档保存。

六、实验室安全管理

1. 安全防护设施

一般实验室的安全设施主要包括环境和设备布局、消防设施、通风排风设施、消毒洁净设施、防爆设施、防盗设施、防鼠设施以及喷淋装置等。

（1）环境和设备布局

实验室附近不能有垃圾粉尘等污染源，不得有强的震动源和强的电磁辐射源。设备的布局要合理科学，仪器设备之间要有合适的空间，便于操作和维修；不能离窗口太近，防止太阳光直接照射；各功能性区域要分清；对在使用中温度过热的设备，需要采取降温设施。

（2）消防设施

实验室要配备消防灭火器。注意灭火器的放置位置、灭火器的特性和用途、灭火器的有效期等，并且要有专人负责保管，检查完好。同时，实验室要定期组织对人员开展消防知识培训和现场操作演练。

（3）用电安全设施

电力配置要符合仪器使用要求，电源插座布局要合理，不得使用裸露或老化的电源线和开关，且其型号规格要保证安全的电流载荷；需要接地保护的，要有接地保护装置；有些精密仪器需要配置稳压稳流装置。

（4）通风排风设施

一般的实验室多要求通风、明亮洁净的环境。装置通风橱、排风罩，防止挥发性的有毒有害气体给实验人员带来伤害。排风系统的电机功率要与所设计的排风罩吻合，试剂柜要安装通风管道。一般仪器上方的通风罩最好设计为高度、方向、风力可调，有尾气排放的直接接到排风管道。

（5）消毒洁净设施

微生物实验区域需配备洗手消毒、风淋、紫外线环境空气杀菌、烘箱、高压灭菌锅以及生物安全柜等，这些设施不仅是为了保证样品检验结果真实可靠，也是为了保证操作人员健康和安全。

（6）用气安全及防爆设施

一般实验室常用气体主要有氢气、氧气、氮气、氩气、氦气、空气和乙炔气等，这些气体以一定的压力储存在钢瓶里。一般气体钢瓶要有固定的支架或安全柜，放置在安全的位置。不同气体的钢瓶应用不同颜色的标签区别，瓶身上标有检定日期。仪器使用前后都要检测气体管路接口是否漏气。气体管路布局要合理，尽量不要扭曲，不要直角弯折，最好使用符合要求的不锈钢管路，若使用橡胶或塑料管路要定期检查更换。进实验室不能穿鞋底带有铁钉的皮鞋，有些特殊实验室照明灯和电器开关要求是安全防爆的。

（7）防盗设施

实验区域要和办公区域应有效隔离。实验区域应安装门禁及监控装置，非实验人员未经许可不得进入实验区域。贵重器皿、有毒有害的试剂和生物试剂等要有专人保管，必要时存放于保险柜或实行双人双锁。贵重器皿要建立使用记录，试剂要建立出入库记录。

（8）防鼠设施

老鼠对实验室的危害不容忽视。老鼠一旦进入实验室，通常会打碎玻璃器皿，啃噬文本资料、实验样品以及各种管路等，老鼠尿液还会腐蚀仪器设备。一般有效措防鼠措施就是堵住老鼠的来往通道，放置捕鼠笼等。

（9）喷淋装置

喷淋装置是个人防护装置，一旦人眼睛或身体被溅到或喷洒到强酸强碱、有毒性液体时，要及时用大量流水喷淋，降低伤害。喷淋装置需要接通具有一定压力的水龙头，地面要有地漏装置。

另外，还应配备与检测工作类型相适应的个人安全设备，包括实验服、实验帽眼护具、护听器以及各类防护手套和口罩等。

2. 实验室安全注意事项

（1）气体安全

①采购实验室气体时，若遇气体名称标识不清或不对应、气体钢瓶没有安全帽和防震圈、气体钢瓶颜色缺失或气体钢瓶缺乏检定标识等情况时，应拒绝接收。

②在搬动气体钢瓶时，应装上防震垫圈、旋紧安全帽，以保护开关阀，防止其意外转动和减少碰撞，同时严禁手抓开关总阀移动，可以用手平抬或垂直转动，切勿拖拉、滚动或滑动气体钢瓶。

③气体钢瓶必须做好标识和固定工作，分类分处存放，严禁可燃性气体钢瓶和助燃性气体钢瓶混放，易燃易爆气体钢瓶存放地点必须装有防爆通风装置、气体监控报警装置及相应消防设施。

④实验室使用的压缩气体钢瓶，应保持最少的数量，且有毒或易燃易爆气体应放置并固定在装有通风设施及气体监控报警装置的气瓶柜内。

⑤气体钢瓶周围不得堆放易燃、易爆物品，应远离热源，避免曝晒和强烈震动。

⑥严禁在走廊和公共场所存放气体钢瓶，单独用于存放气体钢瓶的房间和气柜须上锁并设专人管理。

（2）消防安全

实验室人员要加强消防安全教育和培训，提高操作者的消防安全意识，自觉遵守实验室消防安全管理制度。

①防火。

着火是化学实验室，特别是有机实验室里最容易发生的事故。多数着火事故是由于加热或处理低沸点有机溶剂时操作不当引起的。

A.常见有机溶剂的易燃性。

二硫化碳、乙醚、石油醚、苯和丙酮等的闪点都比较低，即使存放在普通电冰箱内（冰箱最低温 -18 ℃，无电火花消除器），也能形成可以着火的气氛，故这类液体不得贮于普通冰箱内。另外，低闪点液体的蒸气只需接触红热物体的表面便会着火。其中，二硫化碳尤其危险，即使与暖气散热器或热灯泡接触，其蒸气也会着火，应该特别小心。常见有机溶剂的易燃性见表 4-3。

表 4-3 常见有机溶剂的沸点、闪点和自燃点

名称	沸点（℃）	闪点（℃）	自燃点（℃）
石油醚	40～60	-45	240
乙醚	34.5	-40	180
丙酮	56	-17	538
甲醇	68	10	430
乙醇（95%）	78	12	400
二硫化碳	46	-30	100
苯	80	-11	580
甲苯	111	4.5	550
乙酸	118	43	425

B.火灾的预防。

a.应充分做好实验前的准备工作，熟悉实验内容，掌握实验步骤，严格按照实验规程操作，防止因不规范操作引发火灾。

b.实验室内电气设备的安装和使用，必须符合安全用电管理规定，谨防因超负荷用电着火。同时严格遵守用电制度，及时关闭仪器设备的电源、水源和气源。

c. 要控制实验室化学物品的储存量，不要存放大量易燃易爆危险化学品，实验时定量取用，消除堆积隐患，避免造成更大的危害。

d. 所产生的有毒、腐蚀性废物或污水等要妥善处理，严禁随意倾倒。

e. 严禁在开口容器或密闭体系中用明火加热有机溶剂，当用明火加热易燃有机溶剂时，必须要有蒸气冷凝装置或合适的尾气排放装置。

f. 实验室必须存放一定数量完好、有效且适合的消防器材，放置位置固定且明显、便于取用、不影响安全疏散。同时保证消防通道的畅通，不要覆盖、堆压或占用通道内的消防设施。

C. 消防灭火。

实验室发生火灾，要保持镇静，根据起火的原因，采取针对性的灭火措施。对于初起火灾，应根据着火物质、性质、周围的环境和现有的条件，采用相应的消防器材进行抢救和灭火。

化学实验室一般不用水灭火，因为水能和一些药品（如钠）发生剧烈反应，用水灭火时会引起更大的火灾甚至爆炸，并且大多数有机溶剂不溶于水且比水轻，用水灭火时有机溶剂会浮在水上面，反而扩大火场。下面介绍化学实验室必备的几种灭火器材。

a. 灭火毯。灭火毯因隔绝空气灭火，用于不能用水灭火的着火物的扑救，灭火毯还可以用于火场中的紧急逃生，逃生时将灭火毯展开披覆在身上，注意要包裹住头部，如果在火场中需要救助行动不便的人，也可以将灭火毯覆盖在救助对象的身上，帮助逃生。

b. 消防沙。消防沙相较于一般工业沙颗粒更细，具有良好的密闭性，一般用于扑灭油类的初起火灾，同时也可用于高温液态物或液体着火时的吸附和阻截，使用时只需将消防沙倾倒在燃烧物上，确保火焰被完全覆盖，直至熄灭。

c. 灭火器。灭火器是最常见也是最实用的消防器材。一般实验室配备的有干粉、泡沫、二氧化碳等灭火器。

干粉灭火器适用于扑救可燃液体、可燃气体及带电设备的火灾。但因粉末会造成二次污染，对实验室内精密仪器设备可能产生危害，所以要慎重使用。

泡沫灭火器适用于扑救液体火灾，也可用于扑救木材等一般可燃固体的火灾。但需注意的是不能扑救水溶性可燃、易燃液体的火灾，比如乙醇、乙醚等物质和电器火灾。

二氧化碳灭火器适用于扑灭油类、600 V 以下带电设备以及高级精密仪器仪表、重要文件档案等火灾，但不能扑救铝、钠、钾、镁、铀等金属及其氢化物的火灾，也不能扑救在惰性介质中由自身供氧燃烧的物质（如硝化纤维火药）的火灾。使用时手不要握金属管，以免冻伤。

注意：1211 灭火器虽具有灭火效率高、毒性低、腐蚀性小、久储不变质、灭火后不留痕迹、不污染被保护物、绝缘性能好等优点，但由于该灭火剂对臭氧层破坏力强，我国已于 2005 年停止生产 1211 灭火剂。

②防爆。

A. 爆炸事故原因。

a. 随便混合化学药品。氧化剂与还原剂的混合物在受热、摩擦或撞击时会发生爆炸。

b. 在密闭体系中进行蒸馏、回流等加热操作。

c. 在加压或减压实验中使用不耐压的玻璃仪器。

d. 反应过于激烈而失去控制。

e. 易燃易爆气体如氢气、乙炔等气体烃类，或煤气和有机蒸气等大量逸入空气，引起爆燃。

f. 一些本身容易爆炸的化合物，如硝酸盐类、硝酸酯类、三碘化氮、芳香族多硝基化合物、乙炔及其重金属盐、重氮盐、叠氮化物、有机过氧化物（如过氧乙醚和过氧酸）等，受热或被敲击时会爆炸。

g. 搬运钢瓶时让气体钢瓶在地上滚动，或撞击钢瓶表头，随意调换表头，或气体钢瓶减压阀失灵等。

h. 在使用和制备易燃、易爆气体时，如氢气、乙炔等，不在通风橱内进行，或在其附近点火。

i. 氧气钢瓶和氢气钢瓶放在一起。

B. 爆炸事故的预防与处置。

爆炸的毁坏力极大，危害十分严重，瞬间殃及人身安全，必须引起思想上足够的重视。为预防爆炸事故发生，必须遵守以下几点。

a. 凡是有爆炸危险的实验，应安排在专门防爆设施（或通风框）中进行。

b. 高压实验必须在远离人群的实验室中进行。

c. 在做高压、减压实验时，应使用防护屏或防爆面罩。

d. 绝不允许随意混合各种化学药品，例如：浓硫酸和高锰酸钾、乙醇和浓硝酸、三氯甲烷和丙酮、高锰酸钾和甘油，等等。

e. 在点燃氢气、一氧化碳等易燃气体之前，必须先检查并确保纯度。

f. 某些强氧化剂（如氯酸钾、硝酸钾、高锰酸钾等）或其混合物不能研磨，否则会发生爆炸。

g. 易燃的有机溶剂，要远离明火，用后要立即盖好瓶塞。

h. 钾、钠应保存在煤油中，而磷可保存在水中，取用时用镊子。

i. 如果发生爆炸事故，要第一时间将受伤人员撤离现场送往医院，同时立即关电、关气、关水等，并迅速清理现场以防引发其他着火中毒等事故。

（3）用电安全

实验室使用电器较多，违章用电往往可能造成仪器设备损坏、火灾甚至人身伤亡等严重事故，因此特别要注意安全用电。

①防止触电。

a. 不用潮湿的手接触电器。

b. 电源裸露部分应有绝缘装置（例如电线接头处应裹上绝缘胶布）。

c. 仪器设备应装有地线，接线板应架离地面。

d. 实验时，应先连接好电路后再接通电源；实验结束时，先切断电源再拆线路。

e. 维修或安装电器时，应先切断电源。

f. 不能用试电笔去试高压电，使用高压电源应有专门的防护措施。

g. 如有人触电，应迅速切断电源，然后进行抢救。

②防止引起火灾。

a. 使用的保险丝要与实验室允许的用电量相符。

b. 实验室因有消化、烘干、通风和仪器等方面的要求，用电功率较大，供电功率应根据用电总负荷设计，并留有余地。铜线每平方毫米标称横截面积可承载的功率是 1 000 W 左右，电流 3 A～5 A。

c. 烘箱、高温炉、电热板、消化炉等高功率的电热设备应直接连到空气开关上，尽量不要用插头。

d. 原子吸收由于有石墨炉，因此要求电线标称横截面积最好不小于 6 mm^2，要能满足 30 A 电流的要求。

e. 对一些精密、贵重仪器设备，要求提供稳压、恒流、稳频、抗干扰的电源，必要时须建立不中断供电系统，配备专用电源，如不间断电源

（UPS）等，但要考虑电池的重量和房间的承重。

f. 室内若有氢气、煤气等易燃易爆气体，应避免产生电火花。继电器工作和开关电闸时，易产生电火花，要特别小心。电器接触点（如电插头）接触不良时，应及时修理或更换。

g. 如遇电线起火，应立即切断电源，用沙或二氧化碳灭火器灭火，禁止用水或泡沫灭火器等导电液体灭火。

③防止短路。

a. 线路中各接点应牢固，电路元件两端接头不要接触，以防短路。

b. 电线、电器不要被水淋湿或浸在导电液体中，例如实验室加热用的灯泡接口不要浸在水中。

（4）废气排放

①无机样品处理时产生的酸气。

排放的方式是通过通风柜将酸气排放到酸雾净化塔中（放在楼顶上），通过用水淋洗将酸气冷凝后用碱中和，达到排放标准后排放，排放的管道不能与市政管道合并。

②有机样品处理时产生的废气。

排放的方式是通过通风柜将废气排放到废气吸收装置中（放在楼顶上），通过用活性炭、碳化纤维等材料将废气吸附，处理后的废气达到GB 3095—2012《环境空气质量标准》的要求。

③仪器工作时产生的废气。

一些仪器有机械泵，在使用时产生的废气必须排除。如果是新建实验室，可将废气排放管预留在墙体内，在仪器放置地点留一个接口；如果是改造，可新装配气管，通到主排气风道中。电子捕获检测器排出的废气，可直接通到仪器上方的排风罩中。

④生物安全柜工作时产生的废气。

生物安全柜的排风必须与送风联锁，排风先于送风开启，后于送风关闭。生物安全实验室的排风管道可以兼作生物安全柜的排风管道，排风系统应能保证生物安全柜内相对于其所在房间为负压，且不得利用安全柜或其他负压隔离装置作为房间排风口。Ⅱ级 B1、B2 和Ⅲ级生物安全柜的排风必须直接与排风系统相连。

七、检验与检测

1. 检验

检验是基于测试数据或者其他信息来源，依靠人的经验和知识，对测试对象是否符合相关规定进行判定的活动，其输出为判定结果。

2. 检测

检测是依据相关标准和技术规范，使用仪器设备，在规定的环境条件下，按照相应程序对测试对象的属性进行测定或者验证的活动，其输出为测试数据。

3. 检验与检测的区别

检验强调"符合性"，不仅提供结果，还要与规定要求进行比较，做出合格与否的判定。检验依据是判定依据，一般为产品标准、限量标准等。在检验报告中要填写检验依据。

检测是对给定对象按照规定程序进行测试的活动，仅需提供测试结果，不需要判定合格与否。检测依据是方法依据，一般为检测方法标准或相关技术规范。在检测报告和检测原始记录中，要填写检测依据。

八、量和单位

在原始记录中，经常要使用到量和单位。量和单位的使用应符合 GB/T 3101—1993 规定。

1. 量的符号

量的符号用拉丁字母或希腊字母表示，不论大、小写，一律用斜体，如质量 m，体积 V，浓度 c。pH 是唯一的例外，用正体。一般的下标为正体，如摩尔体积 V_m；用量的符号为下标时，下标写成斜体，如定压热容 C_P；质量流量 q_m；同时有两个下标代表不同含义时，其间用逗号隔开，如相对密度 $d_{(H_2O,20℃)}$ 元素符号、数值和单位用正体。

2. 单位的名称和符号

①单位名称一般只用于口述和叙述性文字中，不得用于公式、图表中，在公式中不应出现中文。如：B=0.4 千克 / 升，流量 =12 升 / 秒，均为不正确的写法。

②组合单位的名称顺序与其符号一致。乘号无对应的名称，除号的名称为"每"，但只能用一次。如浓度单位符号为 mol/L，单位名称为摩尔每

升（不是每升摩尔）。

③单位符号的读法应按名称读，不得按字母读。如：μL 读微升，不得读缪升；GB 读格博，不得按英文发音。

④单位符号一律用正体字母表示，一般用小写字母（体积 L 除外），若单位名称来源于人名时，则其符号的第一字母用大写。如：安，A；开尔文，K；帕斯卡，Pa。

⑤当组合单位由两个或两个以上的单位相乘而构成时，应当以下列形式之一表示：N·m，N m。其中，第二种形式也可以写成中间不留空隙，但如果单位之一的符号也是词头的一种符号时，就必须特别注意。例如，mN 表示毫牛顿，而不是米牛顿。

⑥当组合单位由一个单位除以另一个单位构成时，应当以下列形式之一表示：$\dfrac{m}{s}$、m/s、m·s^{-1}。除加括号以避免混淆外，在同一行内的斜线（/）之后不得有乘号或除号。在复杂情况下应当用负数幂或括号。

3. 量的表示

①表示量值时，单位符号应当置于数值之后，数值与单位符号之间留 1/4 字的空隙，但不得有任何表示相乘的符号。据此，必须指出，在表示摄氏温度时，摄氏度的符号℃的前面应留空隙。唯一例外的是平面角的单位度、分和秒，数值和单位间不留空隙。如：l=1 205 m 不能写成 l=1 205m 或 l=1 205×m。

②如果所表示的量为量的和或差，则应当加圆括号将数值组合，置共同的单位符号于全部数值之后，或写成各个量的和或差。如：l=12 m-7 m=（12-7）m，不能写成 l=12-7 m；t=28.4 ℃±0.2 ℃ =（28.4±0.2）℃，不能写成 t=28.4±0.2 ℃。

③无量纲时，其单位的名称是"一"，符号是"1"。表示时，不必写出 1。如盐酸的体积分数为（HCl）=0.7，不必写成（HCl）=0.7×1。说明：过去用 1% 和 1‰ 表示 0.01 和 0.001，现国家标准只采用 %，可代替数字 0.01，废除 ‰。如 w_B=0.067=6.7%。

注：百分、千分是纯数字，故说质量百分或体积百分无意义，也不可以在这些符号上加上其他信息，如 %（m/m）、%（V/V）等。过去常用的质量百分浓度或体积百分浓度已被废除，现用质量分数或体积分数。

4.表示溶液组成的量和单位

（1）用分数表示

①质量分数。

指溶液中溶质的质量与溶液质量之比，也指混合物中某种物质质量占总质量的百分比。用符号 ω 表示，质量分数是无量纲量，单位为 1。

质量分数在质检工作中应用得非常普遍，如测定样品中的水分、灰分、药物残留量等，都是测定某一组分占混合物中的比例，因此检测结果都应用质量分数表示。如：豇豆中克百威残留量为 0.34 mg/kg；猪肉中莱克多巴胺残留量为 0.34 μg/kg；饲料中铅的含量为 0.27 mg/kg。

②体积分数。

指某物质的体积与总体积之比，用符号 V/V 表示。体积分数是无量纲量，单位为 1。例：70 mL 无水乙醇加入 100 mL 容量瓶中，用水定容，应写成：（C_2H_5OH）=0.70=70%，称为乙醇的体积分数 V/V 为 0.70 或 70%。

（2）用比表示

体积比，指某物质的体积与另一物质的体积之比，用符号 φ 表示。体积比是无量纲量，单位为 1。例：王水的组成：φ（HNO_3+HCl）=3+1，将3 份硝酸加到 1 份盐酸中。流动相溶液：φ（CH_3OH+H_2O）=80+20，将80 mL 甲醇加到 20 mL 水中。

（3）用浓度表示

①物质的量浓度。

物质的量浓度指物质的量除以混合物的体积，用符号 c_B 表示。c_B 的SI 单位为 mol/m^3，分析化学中常用的单位为 mol/L。按规定，"浓度"二字单独使用时，就是指物质的量浓度。例：c（NaOH）=2.0 mol/L，c 一定要小写，且一定是斜体。

②质量浓度。

质量浓度指质量除以混合物的体积，用符号 ρ_B 表示。ρ_B 的 SI 单位为 kg/m^3，分析化学中常用 g/L 表示。在仪器分析中，使用最多的就是质量浓度，一般单位为 mg/L。例：配制质量浓度为 100 mg/L 氧乐果标准溶液。以前表示 20% 氢氧化钠溶液现应表示为 200 g/L 氢氧化钠溶液。% 是无量纲的，而浓度是有量纲的，故不能用 % 表示溶液的浓度。

注：ppm、ppb 不能表示溶液的浓度，因溶液的浓度是有量纲的，如g/L、mol/L。ppm、ppb 既不是计量单位，也不是数学符号，仅是一些英文

词组的缩写。ppm（parts per million）指百万分之一，即 10^{-6}。ppb（parts per billion）在中国、美国、法国及苏联等国，指 10^{-9}，而在英国、德国、意大利等国则指 10^{-12}，因此易造成混淆，必须废除。ISO 31-1:1991 中明确规定，不再使用这些缩写。ppm、ppb 应分别以 10^{-6}、10^{-9} 代替。ppm 可用 mg/kg 代替，ppb 可用 g/kg 代替，但不能用 mg/L 或 g/L 来代替，因为 mg/L 或 g/L 是质量浓度的单位。

九、法定计量单位

法定计量单位是强制性的，各行业、各组织都必须遵照执行，以确保单位的一致性。我国法定计量单位除包括国际单位制（SI）单位外，还包括由我国选定的非国际单位制的单位。我国的法定计量单位（以下简称法定单位）包括：国际单位制的基本单位、国际单位制的辅助单位、国际单位制中具有专门名称的导出单位、国家选定的非国际单位制单位、由以上单位构成的组合形式的单位以及由词头和以上单位所构成的十进倍数和分数单位。

1.国际单位制单位
（1）国际单位制单位的组成

（2）国际单位制基本单位

国际单位制基本单位共有 7 个，如表4-4所示。

表4-4　国际单位制的基本单位

量的名称	量的符号	单位名称	单位符号
长度	l	米	m
质量	m	千克（公斤）	kg
时间	t	秒	s
电流	I	安［培］	A

量的名称	量的符号	单位名称	单位符号
热力学温度	T	开［尔文］	K
物质的量	n	摩［尔］	mol
发光强度	I_V	坎［德拉］	cd

注：①圆括号中的名称，是它前面的名称的同义词，下同。

②无方括号的量的名称与单位名称均为全称，方括号中的字，在不致引起混淆、误解的情况下，可以省略，去掉方括号中的字即为其名称的简称。下同。

③本标准所称的符号，除特殊指明外，均指我国法定计量单位中所规定的符号以及国际符号，下同。

④人民生活和贸易中，质量习惯称为重量。

（3）国际单位制导出单位

导出单位是用基本单位以代数形式表示的单位。这种单位符号中的乘和除采用数学符号。例如速度的 SI 单位为米每秒（m/s）。属于这种形式的单位称为组合单位。

某些 SI 导出单位具有国际计量大会通过的专门名称和符号，见表 4-5。使用这些专门名称并用它们表示其他导出单位，往往更为方便、准确。如热和能量的单位通常用焦耳（J）代替牛顿米（N·m），电阻率的单位通常用欧姆米（Ω·m）代替伏特米每安培（V·m/A）。

SI 单位弧度和球面度称为 SI 辅助单位，它们是具有专门名称和符号的量纲一的量的导出单位。在许多实际情况中，用专门名称弧度（rad）和球面度（sr）分别代替数字 1 是方便的。例如角速度的 SI 单位可写成弧度每秒（rad/s）。

表 4–5　包括 SI 辅助单位在内的具有专门名称的 SI 导出单位

量的名称	SI 导出单位		
	名称	符号	用 SI 基本单位和 SI 导出单位表示
［平面］角	弧度	rad	1 rad=1 m/m=1
立体角	球面度	sr	1 sr=1 m^2/m^2=1
频率	赫［兹］	Hz	1 Hz=1 s^{-1}
力	牛［顿］	N	1 N=1 kg·m/s^2

续表

量的名称	SI 导出单位		
	名称	符号	用 SI 基本单位和 SI 导出单位表示
压力，压强，应力	帕［斯卡］	Pa	1 Pa=1 N/m²
能［量］，功，热	焦［耳］	J	1 J=1 N·m
功率，辐［射能］通量	瓦［特］	W	1 W=1 J/s
电荷［量］	库［仑］	C	1 C=1 A·s
电压，电动势，电位，（电势）	伏［特］	V	1 V=1 W/A
电容	法［拉］	F	1 F=1 C/V
电阻	欧［姆］	Ω	1 Ω=1 V/A
电导	西［门子］	S	1 S=1 Ω⁻¹
磁通［量］	韦［伯］	Wb	1 Wb=1 V·s
磁通［量］密度，磁感应强度	特［斯拉］	T	1 T=1 Wb/m²
电感	亨［利］	H	1 H=1 Wb/A
摄氏温度	摄氏度	℃	1 ℃ =1 K
光通量	流［明］	lm	1 lm=1 cd·sr
［光］照度	勒［克斯］	lx	1 lx=1 lm/m²
［放射性］活度	贝可［勒尔］	Bq	1 Bq=1s⁻¹
吸收剂量 比授［予］能 比释动能	戈［瑞］	Gy	1 Gy=1 J/kg
剂量当量	希［沃特］	Sv	1 Sv=1 J/kg

用 SI 基本单位和具有专门名称的 SI 导出单位或（和）SI 辅助单位以代数形式表示的单位称为组合单位。

（4）国际单位制单位的倍数单位

表 4-6 给出了 SI 词头的英文名称、中文简称及符号。词头用于构成倍数单位（十进倍数单位与分数单位），但不得单独使用。

词头符号与所紧接的单位符号（SI 基本单位和 SI 导出单位）应作为一个整体对待，它们共同组成一个新单位（十进倍数或分数单位），并具有相同的幂次，而且还可以和其他单位构成组合单位。例如：1 mm²/s=

（ 10^{-3} m） ^{2}/s=10^{-6} m^2/s；10^{-3} tex=mtex。

不得使用重叠词头，如只能写 nm，而不能写 mμm。

注：由于质量的 SI 单位名称"千克"中，已包含 SI 词头"千"，所以质量的倍数单位由词头加在"克"前构成。如用毫克（mg）而不得用微千克（μkg）。

表 4-6　SI 词头的英文名称、中文简称及符号

因数	词头名称		符号	因数	词头名称		符号
	英文	中文			英文	中文	
10^{24}	yotta	尧［它］	Y	10^{-1}	deci	分	d
10^{21}	zetta	泽［它］	Z	10^{-2}	centi	厘	c
10^{18}	exa	艾［可萨］	E	10^{-3}	milli	毫	m
10^{15}	peta	拍［它］	P	10^{-6}	micro	微	μ
10^{12}	tera	太［拉］	T	10^{-9}	nano	纳［诺］	n
10^{9}	giga	吉［咖］	G	10^{-12}	pico	皮［可］	p
10^{6}	mega	兆	M	10^{-15}	femto	飞［母托］	f
10^{3}	kilo	千	k	10^{-18}	atto	阿［托］	a
10^{2}	hecto	百	h	10^{-21}	zepto	仄［普托］	z
10^{1}	deca	十	da	10^{-24}	yocto	幺［科托］	y

2. 国际单位制单位及其倍数单位的应用

SI 单位的倍数单位根据使用方便的原则选取。通过适当的选择，可使数值处于实用范围内。

①倍数单位的选取，一般应使量的数值处于 0.1～1 000 之间，如 1.2×10^{4} N 可写成 12 kN，0.003 94 m 可写成 3.94 mm，3.1×10^{-8} s 可写成 31 ns。在同一量的数值表中，或叙述同一量的文章里，为对照方便，使用相同的单位时，数值范围不受限制。

在某些情况下，习惯使用的单位可以不受上述限制，如：大部分机械制图使用的单位用毫米，导线截面积单位用平方毫米，领土面积用平方千米。

词头 h（百）、da（十）、d（分）、c（厘）一般用于某些长度、面积和体积单位。

词头符号一律用正体字母；大于 10^6 时用大写字母（如 10^6 Pa=MPa），小于 10^{-3} 时用小写字母（如 10^{-3} L=1 mL）。

②组合单位的倍数单位一般只用一个词头，并尽量用于组合单位中的第一个单位。通过相乘构成的组合单位的词头通常加在第一个单位之前。例如：力矩的单位 kN·m，不宜写成 N·km。通过相除构成的组合单位，或通过乘和除构成的组合单位，其词头一般都应加在分子的第一个单位之前，分母中一般不用词头，但质量单位 kg 在分母中时例外。例如：摩尔热力学能的单位 kJ/mol，不宜写成 J/mmol。

③当组合单位分母是长度、面积和体积单位时，分母中可以选用某些词头构成倍数单位。例如：体积质量的单位可以选用 g/cm^3。一般不在组合单位的分子分母中同时采用词头。

④在计算中，为了方便，建议所有量均用 SI 单位表示，将词头用 10 的幂代替。

⑤有些国际单位制以外的单位，可以按习惯用 SI 词头构成倍数单位，如 MeV、mCi、mL 等，但它们不属于国际单位制。角度单位度、分、秒与时间单位日、时、分等不得用 SI 词头构成倍数单位。

注：GB 3100—1993《国际单位制及其应用》中规定"摄氏温度单位摄氏度，角度单位度、分、秒与时间单位日、时、分等不得用 SI 词头构成倍数单位。"但 1998 年出版的由国际计量局编制的《国际单位制（SI）》（第 7 版）中，已根据科学计量实践需要对"摄氏度不得用 SI 词头构成倍数单位"做出了明确的修订，在"表 2.3　具有专门名称的 SI 导出单位"的"摄氏度"上加了一个注，指出"这个单位可以与 SI 词头组合使用。例如：毫摄氏度 m℃"。

3. 可与国际单位制单位并用的我国法定计量单位

由于实用上的广泛性和重要性，我国选定了 16 个可与国际单位制单位并用的非国际单位制单位，见表 4-7。根据习惯，在某些情况下，表 4-7 中的单位可以与国际单位制的单位构成组合单位。例如：kg/h、km/h。

表 4-7 可与国际单位制单位并用的我国法定计量单位

量的名称	单位名称	单位符号	与 SI 单位关系
时间	分	min	1 min=60 s
	［小］时	h	1 h=60 min=3 600 s
	日（天）	d	1 d=24 h=86 400 s
［平面］角	度	°	1°=（π/180）rad
	［角］分	′	1′=（1/60）°=（π/10 800）rad
	［角］秒	″	1″=（1/60）′=（π/64 800）rad
体积	升	L,（l）	1 L=1 dm^3=10^{-3} m^3
质量	吨	t	1 t=10^3 kg
	原子质量单位	u	1 u≈1.660 540×10^{-27} kg
旋转速度	转每分	r/min	1 r/min=（1/60）s^{-1}
长度	海里	n mile	1 n mile=1 852 m（只用于航行）
速度	节	kn	1 kn=1 n mile/h =（1 852/3 600）m/s（只用于航行）
能	电子伏	eV	1 eV≈1. 602 177×10^{-19} J
级差	分贝	dB	
线密度	特［克斯］	tex	1 tex=10^{-6} kg/km
面积	公顷	hm^2	1 hm^2=10^4 m^2

注：①平面角单位度、分、秒的符号，在组合单位中应采用（°）、（′）、（″）的形式。例如不用 °/S，而用（°）/S。

②升的符号中，小写字母 l 为备用符号。

③公顷的国际通用符号为 ha。

十、有效数字

1. 有效数字定义

具体地说，有效数字是指在分析工作中实际测量和运算中得到的、具有实际意义的数字。能够测量到的是包括最后一位估计的、不确定的数字。把通过直读获得的准确数字叫作可靠数字；把通过估读得到的那部分数字叫作存疑数字。把测量结果中能够反映被测量大小的带有一位存疑数字的全部数字叫作有效数字。

有效数字的最后一位允许是存疑的、不确定的，其余数字都必须是可靠的、准确的。有效数字通常体现测量值的可信程度。有效数字的位数，简称为有效位数，是指包括全部可靠数字和一位存疑数字在内的所有数字的位数。例如，用毫米尺测量一个物体的长度，读出物体的长度为 32.31 cm，这个读数的前三位 32.3 cm 是直接从尺上读出的，称为可靠数字，而最末一位 0.01 cm 则是从尺上最小刻度之间估计来的，称为存疑数字。所以，32.31 cm 一共有 4 位有效数字。但是，如果用其他精确度高一些的仪器（如大型千分尺），还能够更准确地进行测量。例如，测得的数值为 32.314 2 cm，这时有效数字增加到 6 位。可见，有效位数的多少，表示了测量所能达到的准确程度，与一定的测量工具有关。

所谓存疑数字，除另有说明外，一般可理解为该数字上有 1 单位的误差，或在其后一位的数字上有 0.5 单位的误差。如：测定值为 12.84，可理解为它是在 12.83～12.85 之间，或理解为它是在 12.835～12.845 之间。

2. 有效数字位数

要正确判断和写出测量数值的有效数字，应明确以下几点。

① 1～9 各个数字，无论在一个数值中的什么位置，都是有效数字。

②一个数值中的"0"是否为有效数字，有下列几种情况。

a."0"在数值的中间，是有效数字，因为它代表了该位数值的大小，如：12.01、3.012、10.012。

b."0"在数值的前面，则都不是有效数字，因为这时 0 只起到定位的作用，并不代表量值的大小，如：0.24 g，0.022 5。

c."0"在小数的数字后，都是有效数字。如：65.000 中的 3 个 0 都是有效数字，0.003 0 中数字 3 前面的 3 个 0 不是有效数字，3 后面的 0 是有效数字。

d."0"在整数的尾部，若属于规范的写法，则都应是有效数字。但由于一些习惯写法和不规范的写法，因此需要具体分析，且应根据有效数字的情况改写为指数形式。如：24 000，可能 3 个 0 都是有效的，记为 24 000 是正确的，它是 5 位有效数字；若有 2 个 0 是无效的，应记为 240×10^2 或 2.40×10^4，它为 3 位有效数字；若 3 个 0 都是无效的，应记为 24×10^3 或 2.4×10^5，它为 2 位有效数字。

③若一个数值的第一位数字大于或等于 8，则该数值的有效数字位数可多计一位。如：9.46 m，表面上看是 3 位有效数字，但可当作 4 位有效

数字对待。

④ pH、pM、pK、lgC、lgK 等对数值，其有效数字位数只计小数点后面的位数，与整数部分无关，整数部分只与幂数有关。如：pH=12.25 的有效数字是 2 位，而不是 4 位。

⑤单位变换不影响有效数字位数。

3. 有效数字的计算规则

①进行数值加减时，结果保留小数点后的位数应与小数点后位数最少者相同。例如：0.012 1+12.56+7.843 2，可先修约后计算，即 0.01+12.56+7.84=20.41。

②进行数值乘除时，结果保留位数应与有效数字位数最少者相同。例如：（0.014 2×244.3×305.84）÷28.67，可先修约后计算，即（0.014 2×244×306）÷28.7=3.69。

③进行数值乘方或开方时，结果有效数字位数不变。例如：6.54^2=42.8。

④有效数字的使用和取舍应注意以下几点。

a. 使用有效字时，测量和运算过程中应保持单位一致。

b. 在计算过程中，为了提高计算结果的可靠性，可以暂时多保留一位有效数字位数，得到最后结果时，再根据数字修约的规则，弃去多余的数字。

c. 使用计算器计算定量分析结果，特别要注意最后结果中有效数字的位数，应根据前述数字修约规则决定取舍，不可全部照抄计算器上显示的所有数字。

d. 参与计算的常数，如圆周率 π、自然对数的底 e 等，可比按有效数字运算规则规定的多保留一位。

e. 对数运算时，有效数字位数只计小数点后面的位数。

f. 若某一数据中第一位有效数字大于或等于 8，则有效数字的位数可多算一位。如 8.15 可视为 4 位有效数字。

g. 在计算中，经常会遇到一些倍数、分数，如 2、5、10 及 12、15、110 等，这里的数字可视为足够准确，不考虑其有效数字位数，计算结果的有效数字位数，应由其他测量数据来决定。

4. 数值修约

数值修约，即通过省略原数值的最后若干位数字，调整保留的末位数字，使最后所得到的值最接近原数值的过程。经数值修约后的数值称为

（原数值的）修约值。

现在被广泛使用的修约规则主要有四舍五入规则和四舍六入五留双规则。

（1）四舍五入规则

拟舍弃数字的最左边一位数字小于或等于4时就舍去，大于或等于五时就在拟保留数字的末位上进一，这种进舍规则称为四舍五入法。例如：将5.432 5保留两位小数，即为5.43；将25.595保留整数位，即为26。

（2）四舍六入五留双规则

由于"四舍五入"造成"入得多，舍得少"的问题，给实际数据采集造成一定程度的不便，因此GB/T 8170—2008的进舍规则规定了"四舍六入五留双法"

①确定修约间隔。

修约间隔指的是修约值的最小数值单位。修约间隔的数值一经确定，修约值即为该数值的整数倍。例如：若指定修约间隔为0.1，修约值应在0.1的整数倍中选取，相当于将数值修约到一位小数；若指定修约间隔为100，修约值应在100的整数倍中选取，相当于将数值修约到"百"数位。

a. 指定修约间隔为10^{-n}（n为正整数），或指明将数值修约到n位小数。

b. 指定修约间隔为1，或指明将数值修约到"个"数位。

c. 指定修约间隔为10^{n}（n为正整数），或指明将数值修约到10^{n}数位，或指明将数值修约到"十"、"百"、"千"……数位。

②进舍规则。

进舍规则可概括成一句口诀为："四舍六入五考虑，五后非零则进一，五后皆零视奇偶，五前为偶应舍去，五前为奇应进一。"

a. 拟舍弃数字的最左一位数字小于5，则舍去，保留其余各位数字不变：例如：将12.149 8修约到个数位，得12；修约到一位小数，得12.1。

b. 拟舍弃数字的最左一位数字大于5，则进一，即保留数字的末位数字加1。例如：将1 268修约到"百"数位，得13×10^{2}（特定场合可写为1 300）。

c. 拟舍弃数字的最左一位数字是5且其后有非0数字时进一，即保留数字的末位数字加1。例如：将10.500 2修约到个数位，得11。

d. 拟舍弃数字的最左一位数字为5，且其后无数字或皆为0时，若所保留的末位数字为奇数（1，3，5，7，9）则进一，即保留数字的末位数字加 1；若所保留的末位数字为偶数（0，2，4，6，8），则舍去。

例 1：修约间隔为 0.1（或 10^{-1}）

拟修约数值	修约值
1.050	10×10^{-1}（特定场合可写成为 1.0）
0.35	4×10^{-1}（特定场合可写成为 0.4）

例 2：修约间隔为 1 000（或 10^{3}）

拟修约数值	修约值
2 500	2×10^{3}（特定场合可写成为 2 000）
3 500	4×10^{3}（特定场合可写成为 4 000）

e. 负数修约时，先将它的绝对值按上述（1）～（4）的规定进行修约，然后在所得值前面加上负号。

例 1：将下列数字修约到"十"数位。

拟修约数值	修约值
-355	-36×10（特定场合可写为 -360）
-325	-32×10（特定场合可写为 -320）

例 2：将下列数字修约到三位小数，即修约间隔为 10^{-3}。

拟修约数值	修约值
-0.036 5	-36×10^{-3}（特定场合可写为 -0.036）

（3）不允许连续修约

①拟修约数字应在确定修约间隔或指定修约数位后一次修约获得结果，不得多次按修约规则连续修约。

例 1：修约 97.46，修约间隔为 1。正确的做法：97.46 → 97；错误的做法：97.46 → 97.5 → 98。

例 2：修约 15.454 6，修约间隔为 1。正确的做法：15.454 6 → 15；错误的做法：15.454 6 → 15.455 → 15.46 → 15.5 → 16。

②在具体实施中，有时测试与计算部门先将获得数值按指定的修约数位多一位或几位报出，而后由其他部门判定。为避免产生连续修约的错误，应按下述步骤进行。

a. 报出数值最右的非零数字为 5 时，应在数值右上角加"+"或加"-"或不加符号，分别表明已进行过舍、进或未舍未进。

例：16.50^{+} 表示实际值大于 16.50，经修约舍弃为 16.50；16.50^{-} 表示实

际值小于 16.50，经修约进一为 16.50。

b. 如对报出值需进行修约，当拟舍弃数字的最左一位数字为 5 且其后无数字或皆为 0 时，数值右上角有 "+" 者进一，有 "-" 者舍去，其他仍按前文 "②进舍规则" 的规定进行。

例 1：将下列数字修约到个数位（报出值多留一位至一位小数）。

实测值	报出值	修约值
15.454 6	15.5^-	15
-15.454 6	-15.5^-	-15
16.520 3	16.5^+	17
-16.520 3	-16.5^+	-17
17.500 0	17.5	18

5. 正确应用有效数字应注意的问题

①如实记录测量的数值，以反映实际测量值的可信程度。

比如，称量时应根据天平的感量如实记录，不允许多记，也不应少记。如果用万分之一天平称量时，应记到小数点后第四位，如 0.245 8 g、1.002 3 g；用十分之一天平称量时，应记到小数点后第一位，如 0.2 g、1.3 g。

在实际工作中，有的单位使用万分之一的天平称取新鲜样品，如称取 20 g 左右的样品，记为 20.45 g，认为已经有 4 位有效数字，已能满足检测方法和判定的要求，因此就省略了后两位小数，这是错误的。

②在使用经过检定或未经检定但合格的玻璃量器时，应根据量器的允差来确定测量值的有效位数。

6. 正确估算称样量

重量分析法和容量分析法的方法最大允许误差一般为 0.1%，为保证方法的准确度，分析过程中每一个步骤的误差都要控制在 0.1% 左右。所以，为保证称量误差小于 0.1%，用分析天平称量时，称样量应大于 0.2 g。因为分析天平可准确到 0.000 1 g，但每个样品做平行，要称两次，所以称量的绝对误差为 0.000 2 g，只有称样量大于 0.2 g，其相对误差才能小于 0.1%。如果称样量大于 2 g，用千分之一的天平就可满足相对误差小于 0.1% 的要求。

同理，在使用分度值为 0.1 mL 的滴定管时，为使滴定的读数误差小于 0.1%，滴定液的体积应大于 20 mL。因为在滴定时估读到 0.01 mL，两次读数的误差为 0.02 mL，故只有滴定体积大于 20 mL 时，才能保证读数误差小于 0.1%。

7. 检测结果有效数位的确定

根据 GB/T 5009.1—2003 中规定，"测定值的有效数的位数应能满足卫生标准的要求"。因此，一般报告结果应比卫生标准多一位有效数。例如：GB 2762—2022 中规定茶叶中铅的限量标准为 5.0 mg/kg，则报告值应保留3 位有效数字，如 0.12 mg/kg、2.00 mg/kg。如果没有限量指标，结果的有效数位应符合检测方法中规定的要求。

十一、实验器皿洗涤、干燥、保管

清洁的实验器皿是实验得到正确结果的先决条件，因此实验器皿的洗涤、干燥和保管是实验室一项重要的基础性工作。对所用的一切实验器具，用完后要及时清洁干净，按要求保管，不要在容器中遗留油脂、酸液、腐蚀性物质（包括浓碱液）或有毒药品，以免造成后患。

1. 器皿洗涤

（1）常法洗涤（一般容器的洗涤）

常法洗涤最常用的洗涤剂是肥皂、肥皂液、洗衣粉、去污粉、洗洁净、有机溶剂等。

肥皂、肥皂液、洗衣粉、去污粉，用于可以用毛刷直接刷洗的容器，如三角瓶、试剂瓶等。洗洁净多用于不便用毛刷直接刷洗的容器，如滴定管、容量瓶等有刻度的特殊容器，也用于洗涤长久不用的杯皿器具和刷子刷不下的污垢。用洗洁净洗涤容器，是利用洗洁净本身与污物起化学反应的作用，将污物除去，因此需要浸泡一定时间。有机溶剂是针对污物属于某种类型的油腻性，或借助某些有机溶剂能与水混合而又挥发快的特殊性冲洗带水的容器将水洗去，如甲苯、二甲苯、汽油等可以洗油垢，乙醇、乙醚、丙酮可以冲洗刚洗净而带水的容器。

洗刷容器时，应首先用肥皂把手洗净，以免手上的油污沾附在容器上，增加洗刷的困难。如果容器长久存放附有灰尘，应先用自来水冲去灰尘，再用毛刷蘸取洗涤剂仔细刷洗容器内外表面，之后边刷边用自来水冲洗至无洗涤剂残留，最后用蒸馏水或去离子水冲洗 3 次以上。洗净的容器倒置时，水流出后器壁不挂水珠；如果挂有水珠，则需要重新洗涤。用蒸馏水或去离子水冲洗时，要用顺壁冲洗方法并充分振荡，冲洗后的容器用指示剂检查应为中性。去污粉是由碳酸钠、白土、细沙等混合而成，对玻璃有损害作用，磨口容器、滴定管、量器、比色皿等严禁使用。

除沾污油脂较多容器外，大功率的超声波清洗器具有较好的洗涤效果，尤其是不便或不能用刷子洗涤的容器，效果较好。超声波清洗后的冲洗方法同上。

（2）不同材质器皿的洗涤

①银、镍和铁质器皿一般用 1∶3 盐酸溶液短时间浸泡后用水冲洗。

②玛瑙是层状多孔体，液体能渗入层间内部，不宜浸洗，玛瑙器皿不宜浸洗，要先用洗涤剂洗后用水冲洗、漂净后倒置晾干，不可烘干。

③塑料、瓷质和玻璃器皿用 5% 稀盐酸浸泡后冲洗。

（3）特殊器皿的洗涤

①滴定管：在确认滴定管不漏后，可用铬酸洗涤液浸泡，移液管和吸量管可置于大量筒内浸泡，或借助吸耳球吸取部分洗液放平转动布满管壁。洗净后分别倒置于滴定管架或吸管架上。

②砂芯漏斗：新滤器使用前用热盐酸或铬酸洗液边抽滤边清洗，再依次用自来水、蒸馏水对漏斗正置、倒置反复抽洗。滤器使用后，应针对不同的沉淀物，采用适当的洗涤剂先溶解后抽洗。洗净的滤器可在 110 ℃～120 ℃烘干，但烘干前要除去水滴，以免滤片烘裂。洗净的砂芯漏斗要特别注意防尘，以免灰尘积存堵塞滤孔难以清洗。

③成套组合玻璃器皿：用常法洗净安装后，使用前应用水蒸气洗涤一段时间。用于微量、痕量分析的玻璃容器要用 1∶1～1∶9 盐酸溶液浸泡后，再用常法洗涤。

④污垢较重的器皿：可根据器皿污垢的性质，直接用浓盐酸（HCl）、浓硫酸（H_2SO_4）或浓硝酸（HNO_3）浸泡或浸煮器皿（一般温度不宜太高）。

（4）特殊污垢的清洗

①铁锈水垢用稀盐酸或稀硝酸清洗。

②盛高锰酸钾的器皿，用氯化亚锡的盐酸液或含草酸的硫酸溶液清洗。

③难溶的银盐用硫代硫酸钠或氨水洗涤。

④铝盐、磷钼酸喹啉、三氧化钼用稀氢氧化钠溶液清洗。

⑤四苯硼钾用丙酮清洗。

⑥脂肪性污物可以用汽油、甲苯、二甲苯、丙酮、乙醇、三氯甲烷、

乙醚等有机溶剂擦洗或浸泡。一般用于无法使用刷子的小件或特殊形状的容器，如活塞、内孔、移液管尖头、滴定管尖头、滴定管活塞孔、滴管、小瓶等。

（5）有毒有害物质器皿的洗涤

①对分析致癌性物质或氰化物等剧毒物质容器洗涤时，为防止对人体的危害，在洗涤之前，要使用对这些有害物质有破坏作用的洗涤液进行浸泡，然后再进行洗涤。

②分析氰化物的容器可用 1%～5% 氢氧化钠溶液浸泡消毒，然后用常规方法清洗。

③残留有黄曲霉毒素的废液或废渣的玻璃器皿，应置装有 10% 次氯酸钠溶液的专用贮备容器中，浸泡 24 h 以上，再用常规方法清洗干净。

④分析 3,4- 苯并芘的玻璃容器可采用 20% 硝酸溶液浸泡 24 h，取出后用自来水冲去残存酸液，再按常法洗涤。被 3,4- 苯并芘污染的乳胶手套及微量注射器等可用 2% 高锰酸钾溶液浸泡 2 h，再进行常法洗涤。

（6）不同项目的取样容器洗涤

①检测重金属的水样容器：用 1∶4 稀硝酸溶液浸泡 24 h 以上，取出后常法清洗。

②检测微量有机物的水样容器：用铬酸洗液洗净烘干后，再用纯化过的正己烷振摇除去器壁表面沾污的有机物，也可用高锰酸钾洗液浸洗后再用自来水和纯水冲洗干净。

③检测阴离子表面活性剂的水样容器：用洗涤剂刷洗后，再用甲醇振摇 1 min，再依次用自来水、纯水冲洗干净。

④检测微生物的水样容器：用常法洗涤后，玻璃器皿放置于高压灭菌锅中加热至 121 ℃保持 15 min，予以灭菌；塑料容器浸泡在 0.5% 过氧乙酸溶液中 10 min 灭菌或在环氧乙烷气体中进行低温灭菌；聚丙烯耐热塑料容器可用高压灭菌锅 121 ℃高压蒸汽灭菌 15 min。

⑤测微量硫酸盐的水样容器：不能使用含硫酸的洗液洗涤。

⑥测铬的水样容器：不能用盐酸或重铬酸钾的洗液洗涤。

⑦测磷酸盐的水样容器：不能用含磷的洗液洗涤。

⑧测氨或凯氏氮的水样容器：最后要用无氨水涮洗。

⑨荧光分析所用玻璃器皿：应避免使用洗衣粉洗涤（因洗衣粉中含有荧光增白剂，会给分析结果带来误差）。

（7）微量、痕量分析容器的洗涤

①玻璃容器：一般使用 1：1 硝酸溶液浸泡 48 h，然后再用去离子水洗涤。

②聚乙烯容器及石英器皿：先用洗涤剂去油脂，蒸馏水荡洗，再用 1：1 盐酸溶液于室温下浸泡 1 周；捞出并倒掉酸液，用蒸馏水漂洗后，再用超纯水充满容器，放置 1 周以上；最后用超纯水漂洗，于无尘空气中干燥。

③聚四氟乙烯容器：其基本操作同聚乙烯容器。不同之处是用 1：1 硝酸溶液代替 1：1 盐酸溶液。

2. 试验器皿的干燥

（1）晾干

不着急等用的器皿，洗净后在无尘处倒置控去水分，自然干燥。可用安装有斜木钉的架子或带有透气孔的器皿柜放置。

（2）烘干

一般器皿洗净后控去水分，于电烘箱中烘干，温度 105 ℃～110 ℃烘 1 h 左右，也可放在红外灯干燥箱中烘干。称量用的称量瓶烘干后要放在干燥器中冷却和保存。带实心玻璃塞及厚壁器皿烘干时要注意缓慢升温，且温度不可过高，以免烘裂。量器不可于烘箱中烘干。

硬质试管可用酒精灯加热烘干，开始时先将试管口朝下，从底部烘起，以免水珠倒流使试管炸裂，烘到无水珠后把试管口向上赶净水汽。

（3）热（冷）风吹干

急于干燥的器皿或不适于放入烘箱的较大的仪器可采用吹干的办法。通常用少量乙醇、丙醇（或最后再用乙醚）倒入已控去水分的器皿中摇洗（溶剂要回收）然后用电吹风吹，开始用冷风吹 1 min～2 min，大部分溶剂挥发后再热风吹至完全干燥，再用冷风吹去残余的蒸气，避免其又冷凝在容器内。此法要求通风好，防止中毒，也不可接触明火，以防止有机溶剂蒸气爆炸。

3. 容器的保管

（1）移液管

洗净后用干净滤纸包住两端，用于要求较高的实验要求的则全部用滤纸包起来，以防沾污。

（2）滴定管

用毕后放掉内装的溶液，用纯水洗刷干净后注满蒸馏水，上盖玻璃短试管或塑料套管，也可倒置夹于滴定管夹上。

（3）比色皿

洗净后，倒置在垫有滤纸的小瓷盘或塑料盘中，晾干后收于比色皿盒或洁净器皿中。

（4）带磨口塞的器皿、容量瓶或比色管等

清洗前用小线绳或皮筋把塞子拴在管口处，以免打碎或弄混塞子。需长期保存的磨口器皿要在塞子和管口间垫一张纸片，以免粘住。长期不用的滴定管要除掉活塞处的凡士林后垫上纸片，用皮筋拴好活塞后保存。磨口塞间如有沙粒不要用力转动，以免损伤其精度。同理，不要用去污粉擦洗磨口部位。

（5）成套仪器

如索氏萃取瓶、气体分析器等用完后要立即清洗，放在专门的盒子里保存。

（6）专用玻璃仪器

清洗晾干后，保存在相应的房间。

第二节　食用菌中农药残留检测技术

一、农药残留的危害

1.农药残留概念

农药残留，是指在农业生产中施用农药后，一个时期内没有被分解的微量农药原体、有毒代谢物、降解物和杂质残留于生物体、收获物、土壤、水体和大气中的现象。

残留农药可直接通过农产品（或食品）以及水、大气到达人、畜体内，或通过环境、食物链间接传递给人、畜。我国农药残留造成人体危害的主要品种包括但不限于甲萘威、抗蚜威、百克威、倍硫磷、久效磷、甲胺磷、马拉硫磷、乐果和氧乐果等。根据化学成分和结构可分为有机磷农药、有机氯农药、氨基甲酸酯类农药和拟除虫菊酯类农药。

我国是农业大国，农药是我国农业生产的基本物资。导致和影响农药残留的原因有很多，其中农药本身的性质、环境因素以及农药的使用方法是影响农药残留的主要因素。残留农药进入人体后会危害人体健康，轻者会产生头晕、头疼、恶心、呕吐与疲乏等症状，重者会出现明显的消化系统、心血管系统和神经系统症状，甚至死亡。有机氯农药及其代谢物毒性虽然不高，但其化学性质稳定，在农作物及环境中降解缓慢，且易在人和动物体脂肪中积累，因而残毒问题仍然存在。由于农药残留对人和生物危害很大，因此农药残留越来越成为广大民众和政府重点关注的食品安全问题。为此，必须加大检测力度，严控食品质量安全关，才能有效解决农药残留问题。

2. 主要农药残留种类及其危害

（1）有机氯农药

有机氯农药是一类由人工合成的杀虫广谱、毒性较低、残效期长的化学杀虫剂，主要分为以苯为原料和以环戊二烯为原料的两大类。有机氯农药的物理、化学性质稳定，在环境中不易降解而长期存在，易溶于有机溶剂，尤其容易在脂肪组织中溶解和累积。以苯为原料的有机氯农药包括使用最早、应用最广的杀虫剂 DDT 和六六六，还包括一些杀菌剂，如五氯硝基苯、百菌清、稻丰宁等。以环戊二烯为原料的有机氯农药包括作为杀虫剂的氯丹、七氯、硫丹、狄氏剂、艾氏剂、异狄氏剂、碳氯特灵等。此外以松节油为原料的莰烯类杀虫剂、毒杀芬和以萜烯为原料的冰片基氯也属有机氯农药。

有机氯农药的污染主要是指六六六、DDT 和各种环戊二烯类等品种的污染。

据报道，六六六在土壤中被分解95%所需要最长时间约20年，DDT被分解95%需30年之久。由于有机氯农药残留时间长，对环境污染严重，因此许多有机氯农药已相继停止生产和使用，比如六六六、DDT 等在我国早已禁用。但因其性质稳定，在水域、土壤中仍有残留，并可通过食物链传递而发生富集作用，特别是在动物性食品如蛋、畜禽肉、水产品、乳品等中的残留量较高，在粮谷、薯类、苹果、豆类等中，也有不同程度的有机氯农药残留。

通过食物链进入人体的有机氯农药能在肝、肾、心脏等组织中蓄积，特别是由于这类农药脂溶性大，所以在体内脂肪中蓄积最多。通常认为其毒性机理为：进入血循环中有机氯分子与基质中氧活性原子发生反应，生成含氧化合物，由于其不稳定而缓慢分解，形成新的活化中心，强烈作用于周围组织，引起严重的病理变化。暴露在有机氯农药中或食用含有有机氯农药的食物会使女性患乳腺癌、子宫癌等生殖器官恶性肿瘤和子宫内膜疾病的可能性明显增加。对男性则会损害精子，使受孕和生殖能力降低，并可导致胚胎发育障碍、子代发育不良或死亡。蓄积的残留农药还能通过母乳排出，或转入卵蛋等组织，影响后代。

（2）有机磷农药

有机磷农药是指含磷元素的有机化合物农药。主要用于防治植物病虫草害。常见的有乐果、敌百虫、敌敌畏、内吸磷、对硫磷、马拉硫磷等品种，其机制为可对昆虫的内脏和神经系统产生破坏作用。有机磷农药大多呈油状或结晶状，工业品呈淡黄色至棕色，除敌百虫和敌敌畏之外，大多有蒜臭味。一般不溶于水，易溶于有机溶剂如苯、丙酮、乙醚、三氯甲烷及油类，对光、热、氧均较稳定，遇碱易分解破坏。但敌百虫例外，敌百虫为白色结晶，能溶于水，遇碱可转变为毒性较高的敌敌畏。

有机磷农药种类很多，常分为三大类，分别为：剧毒类，如甲拌磷、对硫磷等；高毒类，如甲基对硫磷、内吸磷、氧乐果、敌敌畏等；中低毒类，如敌百虫、乐果、稻丰散等。剧毒类有机磷农药少量接触即可中毒，低毒类大量进入体内亦可产生危害。有机磷农药易分解，在人、畜体内一般不累积，在农药中是极为重要的一类化合物。但有不少品种对人、畜的急性毒性很强，在使用时特别要注意安全。近年来，高效低毒的品种发展很快，逐步取代了一些高毒品种，使有机磷农药的使用更安全有效。

有机磷农药可经消化道、呼吸道及完整的皮肤和黏膜进入人体。职业性农药中毒主要由皮肤污染引起。吸收的有机磷农药在体内分布于各器官，其中以肝脏含量最大，脑内含量则取决于农药穿透血脑屏障的能力。其中毒的主要机理是抑制乙酰胆碱酯酶的活性，有机磷与胆碱酯酶结合，形成磷酰化胆碱酯酶，使胆碱酯酶失去催化乙酰胆碱水解作用，最终造成大量的乙酰胆碱的蓄积，进而引发乙酰胆碱蓄积的临床症状表现，人体大脑中枢神经传出的胆碱能神经的传导，靠其末梢在与细胞连接处释放的乙酰胆碱以支配效应器官的活动。有机磷农药中毒症状出现的时间和严重程度与进入途径、农药性质、进入量和吸收量以及人体的健康情况等均有密切关系。一般急性中毒多在 12 h 内发病。若是吸入或口服高浓度或剧毒的有机磷农药，可在几分钟到十几分钟内出现症状以至死亡。皮肤接触中毒发病时间较为缓慢，但可表现吸收后的严重症状。

（3）氨基甲酸酯类农药

氨基甲酸酯类农药是一类含氮氨基甲酸酯类衍生物，是应用很广的新型杀虫剂与除草剂，如抗蚜威、克百威、甲萘威、残杀威、杀螟丹等。其毒性跟有机磷相似，具有选择性强、速效性好、残效期短、毒性较轻等特点。自 20 世纪 50 年代进入市场以后，已经逐渐取代高毒性的有机磷类农药，在农业、林业和牧业等方面得到了广泛的应用。氨基甲酸酯类农药一般无特殊气味，易溶于乙腈、丙酮、二氯甲烷等有机溶剂，在酸性环境下稳定，在高温和碱性条件下易分解。

氨基甲酸酯类农药通常分为五大类：苯基氨基甲酸酯类，如叶蝉散；杂环甲基氨基甲酸酯类，如克百威；氨基甲酸肟酯类，如涕灭威；萘基氨基甲酸酯类，如甲萘威；杂环二甲基氨基甲酸酯类，如异索威。氨基甲酸酯类农药可经呼吸道、消化道侵入机体，也可经皮肤黏膜缓慢吸收。在农田喷药及生产制造过程的包装工序中，皮肤污染的机会很多，故经皮肤侵入人体应特别引起重视。

氨基甲酸酯类农药大多数为中、低毒性。除克百威等毒性较高外，氨基甲酸酯类农药中毒与低毒有机磷农药中毒相似，亦通过抑制机体乙酰胆碱酯酶，导致组织内乙酰胆碱蓄积而中毒。与有机磷农药不同的是，氨基甲酸酯类农药与乙酰胆碱酯酶属可逆性结合，乙酰胆碱酯酶数小时后即可恢复活性，故氨基甲酸酯类农药的毒性一般较有机磷类农药低。此外，氨基甲酸酯农药还具有潜在的致癌性。

（4）拟除虫菊酯类农药

拟除虫菊酯类农药是在天然除虫菊酯杀虫剂的化学结构基础上衍生，由人工合成的一类杀虫剂。主要用于防治农业害虫，比如杀灭在棉花、蔬菜、果树、茶叶等农作物上的害虫。此类农药具有性质稳定、不易光解、无特殊臭味、安全系数高、使用浓度低、触杀作用强、灭虫速度快、残效时间长等优点，被称为是杀虫剂农药的一个新的突破。近年也因拟除虫菊酯类仿生农药高效、低毒、低残留的特点，其使用的范围越来越广，主要使用的拟除虫菊酯类农药有氯氰菊酯（灭百可）、溴氰菊酯（敌杀死）、氰戊菊酯（速灭杀丁）等。

根据结构的不同，拟除虫菊酯类农药主要分为不含 α 氰基的 I 型，如联苯菊酯、氯菊酯等；含 α 氰基的 Ⅱ 型，如甲氰菊酯、溴氰菊酯等。其杀虫毒力比有机氯、有机磷、氨基甲酸酯类高 10 倍～100 倍，并且对昆虫的毒性比哺乳类动物高，有触杀和胃杀作用。机理为扰乱昆虫神经的生理功能，使其兴奋、痉挛、麻痹，最后死亡。优点为用量小、使用浓度低，为环境友好型农药。缺点主要是对鱼毒性较高，对某些益虫也能毒杀，且长期重复使用会导致害虫产生抗药性。

拟除虫菊酯类农药多属中低毒性农药，对人畜较为安全，但也不能忽视安全操作规程，不然也会引起中毒。这类农药是一种神经毒剂，作用于神经膜，可改变神经膜通的透性，干扰神经传导而产生中毒。经口中毒后，轻者头痛头昏、恶心呕吐、乏力、食欲不振、胸闷、流涎等，重者呼吸困难、意识丧失、休克甚至死亡。经皮中毒后，皮肤发红、辣痒，严重的出现红疹、水疱、糜烂。眼睛受农药侵入后表现结膜充血，疼痛、怕光、流泪、眼睑红肿。但是这类农药在哺乳类肝脏酶的作用下能水解和氧化，且大部分代谢物可迅速排出体外。

二、食用菌农药残留

中国是世界上主要的食用菌生产国和出口国，食用菌也是中国农业六大支柱产业之一。食用菌产业近几年来发展迅速，已经成为带动农民致富、推动农村经济发展的一项支柱产业，但随之而来的食品质量安全事件发生越来越多。其中一类是在对食用菌虫害的防控上，普遍存在杀虫剂乱用、滥用的问题，导致农残超标，从而对人类身体健康造成危害。

食用菌属于异养型生物，需要丰富的有机物作为培养基质，这些基质中滋生着多种有害生物，同时食用菌菌丝和子实体的气味还能吸引多种昆虫来摄食和繁殖，所以病虫害一直是影响食用菌生产和品质的主要因素之一。目前国内已报道的食用菌害虫中危害最为严重、分布最为广泛的是双翅目害虫，其中长角亚目中眼蕈蚊科是在栽培和野生的食药用菌中最常见的一类害虫，也是国际上公认的重要食用菌害虫之一，主要有眼蕈蚊属、齿眼蕈蚊属、厉眼蕈蚊属、迟眼蕈蚊属和模眼蕈蚊属等。我国防治食用菌害虫的主要方法是化学防治，所以菇农为了控制病虫害，就不可避免使用各种农药。然而在食用菌中登记的农药较少，在生产上经常使用的杀虫剂有氟虫腈、阿维菌素、吡虫啉、除虫脲、拟除虫菊酯类杀虫剂及植物源农药等，但这些大部分不是我国在食用菌上登记使用的农药。菇农对农药的盲目过度使用，使得食用菌中农药残留量过高，对人体造成危害。

对食用菌应用农药后，一般会通过3种方式在食用菌上形成药物残留。第一，通过药液喷洒直接在食用菌表面覆盖、并被食用菌表面吸收。第二，土壤或基质中使用农药，会通过食用菌菌丝的吸收作用，将农药转运到食用菌的各个部位。第三，在空气中飘浮的农药残留、农药颗粒会被食用菌吸收，进而在食用菌表面或内部形成农药残留。进入动物和人体的残留农药可以作为内分泌干扰物对动物和人体的内分泌功能造成影响，从而导致机体在生殖发育等方面出现问题，同时还能诱发机体的氧化应激，造成 DNA 损伤以及机体免疫功能破坏。

三、农药残留检测通用技术

检测农药残留常用的仪器有：气相色谱仪（GC）、液相色谱仪（LC）、气相色谱－质谱联用仪（GC-MS/MS）、液相－质谱联用仪（LC-MS/MS）。

1.试样制备与储存

（1）试样制备

样品测定部位按照 GB 2763—2021 中附录 A 的规定执行。

食用菌、热带和亚热带水果（皮可食）随机取样 1 kg，水生蔬菜、茎菜类蔬菜、豆菜类蔬菜、核果类水果、热带和亚热带水果（皮不可食）随机取样 2 kg，瓜类蔬菜和水果取 4 个~6 个个体（取样量不少于 1 kg），其他蔬菜和水果随机取样 3 kg。对于个体较小的样品，取样后全部处理；对于个体较大的基本均匀样品，可在对称轴或对称面上分割或切成小块后处理；对于细长、扁平或组分含量在各部分有差异的样品，可在不同部位切取小片或截成小段后处理；将取后的样品切碎，充分混匀，全部或用四分法取一部分经组织捣碎机捣碎成匀浆后，装入聚乙烯样品盒或袋中，密封，贴好标签。

干制蔬菜、水果和食用菌随机取样 500 g，粉碎后充分混匀，装入聚乙烯盒或袋中，密封，贴好标签。

谷类随机取样 500 g，粉碎后使其全部可通过 425 μm 的标准网筛，装入聚乙烯盒或袋中。

油料、茶叶、坚果和香辛料（调味料）随机取样 500 g，粉碎后充分混匀，放入聚乙烯盒或袋中。

植物油类搅拌均匀，放入聚乙烯瓶中。

（2）试样储存

将各类试样按照待检样和备样分别存放。于 −18 ℃及以下条件保存。

2. 农药残留提取条件的选择

提取，就是将残留在样品中的多种农药，采用合适的有机溶剂和方法，将其分离出来，以供净化后测定，这是农药分析非常关键的一步。提取效果，一方面决定于溶剂的选择，另一方面和提取的方法也有密切的关系。在选择提取溶剂时，既要注意到溶剂本身的性质，又要结合农药的特性及样品的状况，在选用提取方法时也要考虑上述情况。

（1）溶剂的选择

在农药分析中几乎不单独使用非极性溶剂，通常是非极性溶剂与极性溶剂混合使用或只使用极性溶剂。在农药分析中应用最广的溶剂为石油醚、丙酮、二氯甲烷和乙酸乙酯等。主要溶剂的极性强弱顺序为：水＞乙腈＞甲醇＞乙酸＞乙醇＞异丙醇＞丙酮＞正丁醇＞乙酸乙酯＞乙醚＞二氯甲烷＞三氯甲烷＞苯＞甲苯＞环己烷＞正己烷＞正庚烷。

（2）农药的极性

在提取样品中的农药残留时，农药本身的极性以及其在提取溶剂中的溶解度，直接影响提取结果，一般采用和农药极性相仿提取溶剂，即"相似相容"原理，选用具有广泛覆盖面的溶剂作为农残提取溶剂。

（3）样品状况

样品的特点和状态，在提取时也必须认真考虑，美国分析化学家协会（AOAC）标准中将样品分为脂肪性和非脂肪性两大类。脂肪含量大于10% 的为脂肪性样品，小于 10% 的则为非脂肪性样品。脂肪性样品需要先提取脂肪，而后测定脂肪中的农药残留。非脂肪性样品又分为含水样品和干品两大类，含水样品的水分含量≥75%，干品为干的或低水分样品。含水分样品按含糖多少分为含糖 5% 以下（低糖）、含糖 5%～15%（中糖）、含糖 15%～30%（高糖）。

注：不同特点和状态的样品，需要用不同的提取溶剂。在谷物、茶叶等水分低的样品中，不同提取溶剂的提取效率的差异最为突出，即使采用极性溶剂也不能完全提取，必须采用含水 20%～40% 的溶剂或预先向试样中加入等量的水之后再行提取。土壤是个比较特殊的样品，是农药污染最大的受害者，许多农药与土壤耦合较强，比在动植物组织中的提取更困难。土壤的水分、有机质、极性化合物以及其他因素都影响其对农药的结

合，一般黏土高沙土低。

3. 农药残留的提取和净化

在农药残留分析中，提取溶剂必须适用于具有不同含量的水分、油脂、糖分和物质的基质中，提取出具有各种极性的化合物。为了提供合适的条件，使残留物从样品中转移到提取溶液中。例如土壤、粮食等干燥样品一种或多种混合溶剂浸泡，经震荡或索氏提取法提取；中、高含水量的样品，需在高速捣碎机中，在一种或混合溶剂的存在下加以粉碎。在通常情况下，蔬菜和水果用匀浆机提取。

（1）提取溶剂

①丙酮提取法。用于含多糖类的样品中的农药提取。先用丙酮提取，再用二氯甲烷经液‐液分配转入二氯甲烷中。在有机磷和有机氯多残留分析中广泛应用。

②乙腈提取法。乙腈是蔬菜、水果农药多残留标准分析方法的首选提取溶剂，乙腈与水部分互溶，加入氯化钠后，盐析、分层和除杂效果明显。但若是水溶的溶液时，采用二氯甲烷经液‐液分配法提取。

③丙酮‐正己烷混剂提取法。用于非极性化合物、极性有机磷和有机氯农药及其代谢产物的提取。此外，还有乙腈‐二氯甲烷、乙腈‐三氯甲烷、丙酮‐二氯甲烷、丙酮‐石油醚。

注：对于谷物、秸秆、茶、土壤等干燥样品，添加一倍水量后或用含水溶液提取，提取率比直接用极性溶剂要高得多。

（2）提取操作

①震荡提取法。将待测样品浸泡于提取溶剂中，若有必要可加以振荡以加速扩散，适用于附着在样品表面的农药以及叶类样品中的非内吸性农药。

②匀浆提取法。将一定量的样品置于匀浆杯中，加入提取剂，快速匀浆几分钟，然后过滤出提取溶剂，净化后进行分析。有时为了使样品更具代表性，需加大样品量，这时可先将大量样品匀浆，然后称取一定量的匀浆后的样品用萃取溶剂萃取。此方法尤其适用于叶菜类及果实样品，简便、快速。

③索氏提取法。索氏提取法是一种经典萃取方法，用于测量食品、饲料、土壤、聚合物、纺织品、纸浆和许多其他物质中的可提取物，在当前农药残留分析的样品制备中仍有着广泛的应用。美国环保署（EPA）将其

作为萃取有机物的标准方法之一，国标方法中也用使用索式提取法作为提取方法。由于是经典的提取方法，其他样品制备方法一般都与其对比，用于评估方法的提取效率。大多数农药是脂溶性的，所以一般采取提取脂肪的方法，将经分散而干燥的样品用无水乙醚或石油醚等溶剂提取，使样品中的脂肪和农残进入溶剂中，再净化浓缩即可分析。此方法适用谷物及其制品、干果、脱水蔬菜、茶叶、干饲料等样品。无水乙醚或石油醚等溶剂，提取效率高，操作简便，但提取时间长，需消耗大量的溶剂，且必须考虑被测物的稳定性；含水量过高的水果蔬菜不宜作为分析对象。

④超声波提取法。超声波是一种高频率的声波，利用空化作用产生的能量，用溶剂将各类食品中残留农药提取出来。将样品放在超声波清洗机中，利用超声波来促进提取，适合液态样品，或经过其他方法溶剂提取后的液态基质。适用溶剂包括甲醇、乙醇、丙酮、二氯甲烷、苯等。此方法简便，提取温度低，提取率高，提取时间短，但噪声比较大，对容器壁的厚度及容器放置位置要求较高，需要的溶剂量较大，且溶剂挥发较多，污染环境。

（3）提取液的净化

在样品的提取液中，除了农药残留外，还有色素、油脂或其他天然物质，在测定前须去除这些干扰物质。用化学或物理的方法除去提取物中对测定有干扰的杂质的过程即是净化。净化是样品前处理中非常重要的环节，当用有机溶剂提取样品时，一些干扰杂质可能与待测物一起被提取出，这些杂质若不除掉将会影响检测结果，甚至使定性定量无法进行，严重时还可使气相色谱的柱效减低、检测器沾污，因而提取液必须经过净化处理。净化的原则是尽量多地除去干扰物，而使待测物尽量少损失。常用的净化方法有如下几种。

①固相萃取法（SPE法）。SPE法是目前果蔬农药残留检测领域重要的样品前处理技术。其利用选择性吸附与选择性洗脱的液相色谱法分离原理，根据检测需求选择被做成各种填料规格的小柱，依据填料保留目标化合物或保留杂质。较常用的方法是使液体样品溶液通过吸附剂，保留其中被测物质，再选用适当强度的溶剂冲去杂质，然后用少量溶剂迅速洗脱被测物质，从而达到快速分离净化与浓缩的目的。也可选择性吸附干扰杂质，让被测物质流出（此种情况多用于在果蔬农残分析中去除色素）；或同时吸附杂质和被测物质，再使用合适的溶剂选择性洗脱被测物质。目前

常用的吸附剂有弗罗里硅土（硅酸镁）、氧化铝、硅胶C18（十八烷基键合硅胶）和活性炭等。

②QuEChERS净化法。此方法是将提取后的溶液加入含有一定量的硫酸镁、硅胶C18、PSA（硅胶基伯仲胺键合相吸附剂）和GCB（石墨化炭黑）等混合物中，移除提取液中的水分、有机酸、色素、糖类以及脂类和固醇等杂质。该方法与传统的匀浆技术相比，更具有安全、省时、易操作、成本低、效果好等优点。

③液－液分配净化法。液－液分配是一种最常见的净化方法，是指利用物质和溶剂对之间存在的分配关系，选用适当的溶剂通过反复多次分配，便可使不同的物质分离，从而达到净化的目的。其基本原理是在一组互不相溶的溶剂中溶解某一溶质成分，该溶质以一定的比例分配（溶解）在溶剂的两相中。通常把溶质在两相溶剂中的分配比称为分配系数。在同一组溶剂对中，不同的物质有不同的分配系数；在不同的溶剂对中，同一物质也有不同的分配系数。采用此法进行净化时一般可得较好的回收率，不过分配的次数须经多次操作方可完成。常用一种非极性溶剂和极性溶剂对来进行分配，如：丙酮－正己烷、乙腈－石油醚、丙酮－二氯甲烷等。

注：液－液分配过程中若出现乳化现象，可采用如下方法进行破乳。加入饱和硫酸钠水溶液，以其盐析作用而破乳；加入1∶1硫酸溶液，加入量从10 mL逐步增加，直到消除乳化层，此法只适于对酸稳定的化合物；离心机离心分离；添加适当的物质进行破乳，如蜂蜜和炼乳类可以加草酸钾，茶叶类可加入丙酮或甲酸，含糖样品可以加入丙酮。

④化学处理法。用化学处理法能有效地去除样品中的脂肪、色素等杂质。常用的化学处理法有酸处理法和碱处理法。

a. 酸处理法。将浓硫酸与提取液（体积比1∶10）在分液漏斗中振荡进行磺化，以除掉脂肪、色素等杂质。其净化原理是脂肪、色素中的碳－碳双键与浓硫酸作用产生加成反应，所得的磺化产物溶于硫酸后与待测物分离。这种方法常用于强酸条件下稳定的有机物（如有机氯农药）的净化，而对于易分解的有机磷、氨基甲酸酯农药则不可使用。

b. 碱处理法。一些耐碱的有机物如农药艾氏剂、狄氏剂、异狄氏剂可采用氢氧化钾－助滤剂柱代替皂化法。即提取液经浓缩后通过柱净化，用石油醚洗脱，有很好的回收率。

⑤凝胶渗透色谱法。凝胶渗透色谱（GPC），又称为凝胶色谱或排阻

色谱，是样品净化手段之一。其原理与柱层析法区别主要是：通常柱层析是利用填料、样品和淋洗剂之间极性的差别来达到分离目的，而 GPC 则是利用化合物中各组分分子大小不同从而淋出顺序先后也不同而达到分离目的，即利用被分离物质分子量大小的不同和在填料上渗透程度的不同，使组分分离，而淋洗溶剂的极性对分离的影响并不起决定作用；淋洗时，脂肪、色素等分子量较大的杂质先被淋洗下来，然后目标化合物按照分子量大小顺序流出。GPC 常用的填料有分子筛、葡聚糖凝胶、微孔聚合物、微孔硅胶和玻璃珠等，常用的淋洗溶剂有环己烷 + 二氯甲烷、甲苯 + 乙酸乙酯、二氯甲烷 + 丙酮等。由于 GPC 柱可以重复使用，降低了分析成本，因此 GPC 正日益成为农药残留分析中的通用净化方法。

⑥其他方法。固相微萃取法超临界流体萃取、微波辅助萃取法、加速溶剂萃取法方法、基质固相分散萃取法等

四、食用菌农药残留检测方法

新鲜食用菌和干制食用菌中农药残留检测方法有所不同，其可参考和依据的检测方法分别如下。

1. 新鲜食用菌农药残留检测常用方法

① NY/T 761—2008《蔬菜和水果中有机磷、有机氯、拟除虫菊酯和氨基甲酸酯类农药多残留的测定》（适用于除木耳以外的新鲜食用菌）。

② GB 23200.116—2019《食品安全国家标准　植物源性食品中 90 种有机磷类农药及其代谢物残留量的测定　气相色谱法》。

③ GB 23200.112—2018《食品安全国家标准　植物源性食品中 9 种氨基甲酸酯类农药及其代谢物残留量的测定　液相色谱 – 柱后衍生法》。

④ GB 23200.8—2016《食品安全国家标准　水果和蔬菜中 500 种农药及相关化学品残留量的测定　气相色谱 – 质谱法》。

⑤ GB 23200.15—2016《食品安全国家标准　食用菌中 503 种农药及相关化学品残留量的测定　气相色谱 – 质谱法》。

⑥ GB 23200.113—2018《食品安全国家标准　植物源性食品中 208 种农药及其代谢物残留量的测定　气相色谱 – 质谱联用法》。

⑦ GB 23200.121—2021《食品安全国家标准　植物源性食品中 331 种农药及其代谢物残留量的测定　液相色谱 – 质谱联用法》。

⑧ GB 23200.12—2016《食品安全国家标准　食用菌中 440 种农药及

相关化学品残留量的测定　液相色谱－质谱法》。

2. 干制食用菌农药残留检测常用方法

① GB 23200.121—2021《食品安全国家标准　植物源性食品中 331 种农药及其代谢物残留量的测定　液相色谱－质谱联用法》。

② T/SLAASS 0002—2022《木耳中有机磷、有机氯、拟除虫菊酯和氨基甲酸酯类农药多残留的测定》。具体内容见附录。

第三节　食用菌重金属污染检测与防控

一、重金属的危害

1. 重金属的概念

重金属是指密度大于 4.5 g/cm³ 的金属，按元素周期表来算有 54 种，其中有的属于稀土金属，有的划归了难熔金属。但就环境污染方面所说的重金属，主要是指汞（水银）、镉、铅、铬。砷虽然不属于重金属元素，但是由于它的化学性质和危害都与其他重金属元素相似，所以常列入重金属类进行研究讨论。

重金属非常难以被生物降解，相反却能在食物链的生物放大作用下，成千百倍地富集，最后进入人体。重金属在人体内能和蛋白质及酶等发生强烈的相互作用，使人体蛋白质结构发生不可逆的改变，使它们失去活性，细胞无法获得营养，也无法产生能量，致使免疫功能紊乱，也可能在人体的某些器官中累积，造成慢性中毒，引发各种奇病、怪病，严重损害人体健康。重金属污染的这些难降解性、易于积累且滞留时间长等特点，成为环境污染治理中的一个棘手难题。

2. 5 种常见重金属及其危害

（1）重金属铅（Pb）

铅（Pb），原子序数 82，原子量 207.2，在元素周期表中属ⅣA族，其为青白色（带蓝色的银白色）重金属，有毒性，是一种有延伸性的主族金属。熔点 327.502 ℃，沸点 1 740 ℃，密度 11.343 7 g/cm³，原子体积 18.17 cm³/mol，质地柔软，抗张强度小。金属铅在空气中受到氧、水和二氧化碳作用，其表面会很快氧化生成保护薄膜；在加热条件下，铅能很快与氧、硫、卤素化合；铅与冷盐酸、冷硫酸几乎不起作用，能与热或浓盐酸、硫酸反应；铅与稀硝酸反应，但与浓硝酸不反应；铅能缓慢溶于强碱性溶液。

　　铅对环境的污染，一是由冶炼、制造和使用铅制品的工矿企业，尤其是有色金属冶炼过程中所排出的含铅废水、废气和废渣造成的；二是由汽车排出的含铅废气造成的。汽油中用四乙基铅作为抗爆剂（每千克汽油用 1 g～3 g），在汽油燃烧过程中，铅便随汽车排出的废气进入大气。世界上已有 2 亿多辆汽车，每年排出的总铅量达 40 万 t，成为大气的主要铅污染源。

　　铅是环境中常见的有害重金属污染物之一，是人体非必需元素。经饮水、食物进入消化道的铅，有 5%～10% 被人体吸收。通过呼吸道吸入肺部的铅，其吸收沉积率为 30%～50%。四乙基铅除经呼吸道和消化道外，还可通过皮肤侵入体内。侵入体内的铅有 90%～95% 形成难溶性的磷酸铅 $[Pb_3(PO_4)_2]$，沉积于骨骼，其余则通过排泄系统排出体外。沉积于骨骼中的铅盐并不危害身体，血液和组织中的铅含量决定中毒的深浅，血中铅含量如达到 0.05 mg/L～0.1 mg/L，即产生中毒症状。蓄积在骨骼中的铅，当遇上过劳、外伤、感染发热、患传染病、缺钙或食入酸碱性药物，使血液酸碱平衡改变时，铅便可再变为可溶性磷酸氢铅而进入血液，引起内源性铅中毒，主要损害骨髓造血系统和神经系统，对男性的生殖腺也有一定的损害。慢性铅中毒是重要职业病之一，中毒症状极为多样化，主要表现为头痛、头晕、疲乏、烦躁易怒、记忆力减退和失眠，还常伴有食欲不振、便秘、腹痛等消化系统的症状，晚期可发展为铅脑病，引起幻觉、谵妄、惊厥等。也可引发多发性神经炎，出现铅毒性瘫痪。儿童铅耐力很弱，铅会损伤胎儿的神经系统，可造成先天大脑沟回浅、智力低下，还可能会伴随着生长迟缓、行为异常、过动以及听力的问题；婴幼儿铅中毒往往出现贫血、眼疾、口腔疾病以及肾炎、智商下降等特异性损害。

　　许多化学品在环境中滞留一段时间后可能降解为无害的最终化合物，但是铅无法再降解，一旦排入环境将长期存在。由于铅在环境中的长期持久性，又对许多生命组织有较强的潜在性毒性，所以铅一直被列为强污染物范围。

　　（2）重金属镉（Cd）

　　镉（Cd），原子序数 48，原子量 112.411，在元素周期表中属ⅡB族。镉是银白色有光泽的金属，熔点 320.9 ℃，沸点 765 ℃，相对密度 8.642，有韧性和延展性。镉在地壳中常与锌矿、铅锌矿、铜铅锌矿共生。镉在潮湿空气中会缓慢氧化并失去金属光泽，加热时表面形成棕色的氧化物层。高温下镉与卤素反应激烈，形成卤化镉，也可与硫直接化合，生成硫化镉。镉可溶于酸，但不溶于碱。镉的氧化态化合价为 +1、+2。氧化镉和氢氧化镉的溶解度都很小，它们溶于酸，但不溶于碱。镉可形成多种配离子，如 $Cd(NH_3)_4^{2-}$、$Cd(CN)_4^{2-}$、$CdCl_4^{2-}$ 等。

镉是环境中常见的最危险的重金属污染物之一，是人体非必需元素，为显著毒害机体的有害元素。由于是不能降解的重金属，易在机体内蓄积，已被美国毒理管理委员会（ATSDR）列为第六位危及人体健康的有毒物质。

镉在土壤中主要有可溶态和非可溶态，可溶态包括水溶态、交换态和有机态，对食用菌起危害作用的主要是水溶态和交换态。由于镉在工业上应用广泛，如采矿、冶炼、电镀、电器、合金、焊接、玻璃、陶瓷、油漆、颜料、感光材料、光电池、塑料、化肥、杀虫剂等生产制造业均使用镉及其化合物，因此镉污染的可能性就变得很大，同时工业"三废"的排放也不可避免存在镉污染问题。

镉元素从污染了的食物、水、空气等经消化道和呼吸道进入人体并累积，导致镉慢性中毒，引起贫血、高血压、肝损害、肾功能衰退，还会对生殖细胞产生选择性毒害作用，以及使骨骼的生长代谢受阻，从而引发骨质疏松、骨骼萎缩和变形等疾病。

镉污染易受害人群是矿业工作者以及免疫力低下者。镉毒害最严重的事件即发生在日本神通川流域的骨痛病，是由当地稻农采用锌铅熔炼厂排出的含镉废水灌溉水稻，人们食用这种稻米引起的。近年来我国多个地区也有类似的"镉米事件"发生，目前污染问题已越来越引起人们的关注。

（3）重金属铬（Cr）

铬（Cr），原子序数 24，原子量 51.996 1，在元素周期表中属ⅥB族，单质为银白色有光泽的金属，密度 7.20 g/cm^3。熔点 1 857 ℃ ±20 ℃，沸点 2 672 ℃。常见化合价为 +2、+3 和 +6，氧化数为 10。金属铬在酸中一般以表面钝化为其特征，一旦去钝化后，即易溶解于几乎所有的酸中，可溶于强碱溶液，在高温下能与卤素、硫、氮、碳等直接化合。铬具有很高的耐腐蚀性，在空气中，即便是在炽热的状态下氧化也很慢，镀在金属上可起保护作用。纯铬有延展性，含杂质的铬硬而脆。铬在自然界中主要以

铬铁矿 $FeCr_2O_4$ 形式存在，在冶金工业上，铬铁合金作为钢的添加料可生产多种高强度、抗腐蚀、耐磨、耐高温、耐氧化的特种钢，如不锈钢等。铬铁矿在化学工业上主要用来生产重铬酸钠，进而制取其他铬化合物，用于颜料、纺织、电镀、制革等工业，还可制作催化剂和触媒剂等。

铬的污染源有含铬矿石的加工、金属表面处理、皮革鞣制、印染等排放的污水。皮革在工业加工鞣制时使用含铬的鞣制剂，会导致铬残留，使用这种皮革下脚料加工而成的明胶，重金属铬的含量一般都会超标。2012 年，经媒体曝光，分别在北京、江西、吉林、青海等地，在药店销售的 9 家药厂生产的 13 个批次的药品，所用胶囊的重金属铬含量超过国家标准规定的 2 mg/kg 限量值，其中超标最多的达 90 倍。

铬是人体必需的微量元素，正常人体内只含有 6 mg～7 mg，但对人体很重要，主要功能为参与人体糖代谢作用。然而过犹不及，过量的铬摄入也会造成中毒。造成中毒的主要是六价铬，而三价铬对人体几乎不产生有害作用。六价铬有强氧化作用，在高浓度时具有明显的局部刺激作用和腐蚀作用，低浓度时为常见的致癌物质。对人主要是慢性毒害，可以通过消化道、呼吸道、皮肤和黏膜侵入人体，在体内主要积聚在肝、肾和内分泌腺中。通过呼吸道进入时开始侵害上呼吸道，引起鼻炎、咽炎和喉炎、支气管炎，积存在肺部有致癌性，会导致肺癌。

（4）重金属汞（Hg）

汞（Hg），原子序数 80，原子量 200.59。汞又称水银，在元素周期表中属Ⅱ族的过渡金属元素，是在室温下唯一呈液态的金属，有流动性。汞难溶于水，沸点 365.9 ℃，在自然界中以金属汞、无机化合物、有机汞多种形态存在，主要存在形态为硫化物（HgS）。汞是比较稳定的金属，室温下不被氧化，也不与酸作用。与大多数金属形成汞合金，其主要成矿物质为辰砂。汞对人是一种剧毒的非必需元素。

汞的污染较为复杂，可以各种化学形态排入环境，污染空气、水质和土壤，导致产品的污染。产品一旦被汞污染，就很难彻底除净，因为汞可以被转化为甲基汞，甲基汞极为稳定，用冷冻、加热、干燥等方法均难以除去，而且易溶于脂肪，以致在生物细胞内蓄积。

汞中毒多是由呼唤道吸入蒸气引起的。即使是误食金属汞，消化道的吸收量也微乎其微，而呼吸道肺泡可吸收相当多的汞蒸气。大量吸入汞蒸气会出现急性汞中毒，其症候为糜烂性支气管炎和间质性肺炎、消化道溃疡和急性肾功能衰竭、肝炎和尿毒症等，这类病有严重的后遗症和较高的死亡率，还可以通过母体遗传给婴儿。若长期食入低剂量无机汞，则会使肾脏损伤，导致尿毒症的发生，而少数特殊体质者，也可能产生膜状肾丝球肾炎的肾病症候群。汞中毒最著名的事件是 20 世纪 50 年代日本熊本县"水俣病"事件。

汞对人主要危害中枢神经系统，使脑部受损，造成汞中毒脑症引起的四肢麻木、运动失调、视野变窄、听力困难等症状，重者心力衰竭而死亡。在微生物作用下，汞甲基化后成为甲基汞，毒性比汞更大，甲基汞会对中枢神经系统产生毒害作用，还可能引起婴儿的先天性甲基汞中毒。最危险的汞有机化合物是二甲基汞 [(CH$_3$)$_2$Hg]，仅几微升二甲基汞接触在皮肤上就可以致死。

（5）重金属砷（As）

砷（As），原子序数 33，原子量 74.92，在元素周期表中属 V A 族，熔点 814 ℃，615 ℃时升华。有灰、黄、黑褐 3 种同素异形体，具有金属性。不溶于水，溶于 HNO$_3$ 和王水（浓 HCl：浓 HNO$_3$=3：1）。在潮湿空气中易被氧化。主要以硫化物矿的形式（如雄黄 As$_4$S$_4$、雌黄 As$_2$S$_3$ 等）存在于自然界。砷是类金属元素，在元素周期表中介于金属元素和非金属元素之间，其部分物理性质（比如光泽）和化学性质都和金属很类似，特别是毒性和重金属相近，因此在说重金属毒性时通常将其纳入其中。

砷及其化合物主要用于合金冶炼、农药医药、颜料等工业，还常常作为杂质存在于原料、废渣、半成品及成品中。单质砷无毒性，砷化合物均有毒性。三价砷比五价砷毒性大，约为 60 倍；按化合物性质分为无机砷和有机砷，无机砷毒性强于有机砷，其化合物 As$_2$O$_3$ 被称为砒霜，是一种毒性很强的物质。

砷是人体非必需元素，过量的砷会干扰细胞的正常代谢，影响呼吸和氧化过程，使细胞发生病变，还可引起血容量降低，加重脏器损害。慢性中毒可引起皮肤病变、神经系统、消化和心血管系统障碍，有积累性毒性作用，破坏人体细胞的代谢系统，多表现为衰弱、食欲不振，偶有恶心、呕吐、便秘或腹泻等。亚急性中毒会出现多发性神经炎的症状，四肢感觉异常，先是疼痛、麻木，继而无力、衰弱，直至完全麻痹等，还可导致下咽困难，发音及呼吸障碍、皮肤潮红或红斑等。急性中毒的症状有麻痹型和胃肠型两种。早期常见消化道症状，如口及咽喉部有干、痛、烧灼、紧缩感，声嘶、恶心、呕吐、下咽困难、腹痛和腹泻等。重症极似霍乱，开始排大量水样粪便，以后变为血性，或为米泔水样混有血丝，很快发生脱水、酸中毒以至休克，同时可有头痛、眩晕、烦躁、谵妄、中毒性心肌炎、多发性神经炎等。少数有鼻衄及皮肤出血。严重者可于中毒后 24 h 至数日发生呼吸、循环、肝、肾等功能衰竭及中枢神经病变，出现呼吸困难、惊厥、昏迷等危重征象，少数病人可在中毒后 20 min 至 48 h 出现休克，甚至死亡。砷中毒最著名的事件为 1955—1956 年，日本发生的森永奶粉中毒事件，是因其含 As_2O_3 达 25 mg/L～28 mg/L 引起的，造成 12 100 多人中毒、130 人因脑麻痹而死亡。砷和无机砷化合物被世界卫生组织国际癌症研究机构列在一类致癌物清单中。

二、食用菌重金属污染

1. 食用菌及其产业

食用菌是指能供人类食用或药用的一类大型真菌，食用菌种类繁多，野生食用菌数量超过 2 000 种，驯化后的种类超过 100 种，中国食用菌物种资源尤其丰富，实现人工栽培的品种已达 80 多种。

食用菌以其白色或浅色的菌丝体在含有丰富有机质的场所生长。条件适宜时形成子实体，成为人类喜食的佳品。菌丝体和子实体是一般食用菌生长发育的两个主要阶段。食用菌的分类依据主要有菇盖、菇形、菌褶、孢子和菇柄的特征以及生态上的差异。不同种类食用菌的生长场所也有所不同，例如：平菇、木耳、香菇等生长在枯树干或木段上；草菇等生长在草本植物的茎干和禽、畜的粪便上；松口蘑、牛肝菌等和植物的根共同生长。在自然生态环境中各类野生食用菌的分布也是由以上的特性决定的。

食用菌营养价值高，富含蛋白质、糖类、脂类、维生素、矿物质等多种营养成分和活性物质，能够清除机体内的自由基、提高抗氧化酶的活性、抑制脂质过氧化酶的活性，从而起到保护生物膜和抗衰老的作用，并且还具有抗肿瘤、抗辐射、抗突变、抗菌、抗炎症反应、调节免疫力、降低胆固醇、预防肥胖症和糖尿病等多种保健功效。食用菌因其优越的营养和保健价值而受到广泛推崇，是世界范围内公认的健康食品。

我国于 20 世纪 70 年代开始大规模种植食用菌，80 年代产量高速增长，超过日本成为世界第一大食用菌生产国。近年来，通过引进国外的先进技术和设备，食用菌工厂化种植正在快速扩张规模，工厂化种植的比例上升较快。在多种生产模式中，工厂化生产由于优势比较明显，是食用菌行业发展的主导方向。2014 年以来，我国食用菌工厂化生产量逐年提升，至 2021 年全国食用菌总产量达到 4 133.94 万 t，总产值 3 475.63 亿元。

商洛市食用菌种植历史悠久，早在明清时期就有记载，人工栽培始于 20 世纪 70 年代，是陕南地区"南菇北移"的重要承接地。近年来，商洛市依托优越的气候资源和环境优势，从政策制定、技术培训、品牌培育、市场开拓等予以支持，全力发展壮大食用菌产业，已成为农民脱贫致富的支柱产业。"商洛香菇"获国家农产品地理标志登记产品，入选农业农村部 2019 年首批全国农产品区域公用品牌目录，"柞水黑木耳"获国家农产品地理标志保护登记。特别是 2020 年 4 月 20 日习近平总书记在陕西考察调研，点赞了柞水木耳"小木耳，大产业"，使柞水木耳迅速红遍全网，同时也为商洛食用菌产业带来了前所未有的发展机遇。2021 年，商洛市发展食用菌 3.88 亿袋，鲜品产量 38.2 万 t，实现总产值 37.1 亿元，较"十二五"末 1.5 亿袋、14 万 t、12 亿元分别增加 2.38 亿袋、24.2 万 t、25.1 亿元，增幅分别达 158%、173%、209.2%，商洛食用菌产业实现空前迅猛发展。

2. 食用菌重金属污染来源

人们在追求美味和高价值的同时，食用菌的安全性愈来愈受到全世界的关注。分析近年来围绕食用菌的一系列食品质量安全事件，除生产、储运过程中人为造成的食品添加剂、农药残留问题之外，重金属含量超标是食用菌食品质量安全中最为突出同时也是最难解决的问题。

农产品中重金属污染的主要来源是工业"三废"的排放及城市生活垃圾、污泥和含有重金属的农药、化肥的不合理使用，以及农产品在加工储藏过程中的二次污染等，且污染的程度与农产品的种类、环境、地域有密切的关系。

食用菌重金属污染影响因素主要有两个方面。一是外在因素，即生产环境因素。如空气、水、覆土材料、栽培基质等被重金属污染，或其本身就含有一定量的重金属。二是内在因素，即食用菌自身的生物学特性。食用菌自身具有一定的富集重金属的能力，部分食用菌对某些重金属具有一定的吸收能力，使子实体能够富集栽培料中微量的重金属，造成食用菌产品的食用危害。

（1）空气中重金属污染

冶金、采矿、化工等是大气中的重金属粉尘污染的主要来源，另外石油燃烧以及含抗爆剂的汽油燃烧排气等也是空气中重金属污染的重要来源。距离工矿及交通干道较近的区域，食用菌生产受重金属污染威胁较大。

（2）水中重金属污染

水是食用菌生长发育的关键因素。富含有害重金属的工业废弃物的大量排放，以及化肥、农药、除草剂等的使用，导致水资源特别是地表水中重金属污染加剧，可能造成食用菌中有害物质如镉、铅、汞等重金属超标。

（3）土壤中重金属污染

工业的发展使大量重金属元素向地表环境中释放，土壤重金属污染问题越来越严重。重金属离子在土壤中，多数以活性较低的形态存在，少数以能影响土壤微生物的代谢活性的有效态形式存在。土壤是食用菌生态环境的重要组成因素，覆土已成为食用菌栽培中重金属污染的重要潜在威胁。

（4）栽培基质中重金属污染

培养基料也是食用菌中重金属的重要来源。食用菌的栽培基质来源广泛，随着科技的发展，如今人工栽培食用菌所用的主要培养基原料已从单纯使用段木、木屑等木材原料转向农副产品辅料，如稻草、玉米芯、秸秆、麸皮、桑枝、甘蔗渣、甜菜渣、花生壳、葵花籽壳以及酒糟等，都可用作食用菌栽培。除了主要原料外，食用菌栽培基质中还需要加入一定量的石灰、石膏、磷酸钙等调节基质酸碱度的物质，这也成为食用菌中重金属的来源之一。食用菌在生长过程中会吸收富集培养基料中的重金属，实现重金属在生物体内的迁移。

三、食用菌重金属富集

近年来，随着人们对健康饮食重视程度的日渐提高，食用菌的市场需求日益增长，社会公众对其质量安全的关注也被提升到前所未有的高度。深入了解食用菌富集重金属的过程和机理，进而采取针对性措施有效避免重金属污染，已成为食用菌产业发展过程中必须解决的重要问题。

1. 食用菌重金属富集的若干机制

食用菌对重金属的富集作用涉及比较复杂的机制，但目前研究表明，食用菌对重金属的富集主要是通过主动或被动吸收实现的，在吸收前阶段土壤中重金属的形态转化和可吸附态重金属的解吸附，以及吸收后重金属通过各种作用在食用菌体内的累积都是富集的重要过程。

（1）生物吸附作用

从细胞学角度，一方面是菌体细胞对重金属的被动吸附，例如食用菌子实体细胞外多聚物、细胞壁多糖等物质可通过共价键引力、静电吸附力以及分子作用力，将不同的重金属吸附在菌体表面；另一方面是细胞壁中活性基团可吸附或者结合相关重金属，当吸附到达饱和之后，相关重金属就会逐步进入细胞质中，进而被氨基酸等基团包围，形成特异性的结合物，之后就产生逐步累积。

（2）主动吸收作用

从生化机制角度，重金属进入子实体细胞质中，通常会产生毒害作用，其只有与氨基酸、金属硫蛋白（MT）等大分子结合，才能降低或者缓解重金属对细胞中遗传物质的毒害作用。金属硫蛋白广泛存在于子实体中，比较容易受重金属、激素和各种细胞因子诱导，进而与重金属结合成为低分子量蛋白或多肽物质。多肽的功能是多样的，包括储存、运输、代谢各种养分，一旦与重金属形成稳定的螯合物，即可发挥降低重金属毒性、拮抗电离子辐射、清除自由基的作用。

（3）食用菌吸收和富集重金属的基本原理

①食用菌菌丝。食用菌在形成子实体之前都是以菌丝的方式生活，菌丝在含有有机和矿物质的土壤中，会产生各种有机酸和有活性的酶类物质，这些酶类会降解腐质有机物，释放矿质元素，菌丝在吸收有机物质的同时吸收了矿物质。

②食用菌子实体。食用菌子实体中普遍存在能螯合金属的物质金属硫蛋白，对重金属的结合具有特异性，不同重金属元素及同种重金属不同存在形式都会有特定的蛋白与其结合。重金属在食用菌子实体中的存在方式普遍认为有两种。

a. 生物方式。在细胞内生物大分子活性基团与重金属离子相结合，形成不溶性物质或沉淀，或细胞内产生特殊的酶还原重金属，改变重金属的化学形态。

　　b. 吸附方式。细胞壁上的活性基团如巯基、羧基、羟基等与重金属离子发生定量化合反应形成不溶性物质或沉淀，通过物理性吸附或形成无机沉淀而将重金属污染物沉积在自身细胞壁上。

　　2. 食用菌重金属吸收富集特征

　　食用菌富集重金属最早是在蘑菇对镉的累积研究中发现的。随后研究表明，大部分食用菌都具有富集重金属的能力。

　　食用菌的种属间存在差异，生长习性不同，在相同的生长环境下，对重金属的富集吸收存在差异；同一物种在不同的生长时期对不同重金属的吸附情况也表现出明显的差异性；食用菌的不同形态学部位对重金属的富集能力存在一定影响。

　　一般规律是草腐菌（双孢蘑菇、姬松茸、鸡腿蘑等）富集重金属的能力比木腐菌（香菇、木耳、银耳、平菇、金针菇、杏鲍菇等）强，但两大类食用菌品种对于不同重金属元素的吸收与累积能力是有较大差别的。例如在相同的生产环境与栽培条件下，草腐菌对铜、银、镉富集力强，而木腐菌对铬和铅有较高富集力。

　　就吸收累积而言，大部分食用菌对重金属吸收有序度为镉＞汞＞砷＞铅，但不同食用菌品种对同种重金属的富集能力则表现也不同，同种食用菌对不同重金属的富集能力也表现出较大的差异。香菇对重金属的富集能力镉＞汞＞砷＞铜＞铅；平菇对重金属的富集能力镉＞砷＞汞＞铅；金针菇对重金属的富集能力汞＞镉＞砷。香菇、金针菇、木耳对砷富集作用比较明显，对铅富集作用不明显。

　　3. 食用菌重金属富集控制方法

　　环境因素和食用菌自身生物学特性是导致食用菌中重金属元素富集的两个重要因素。因此食用菌的重金属污染也可以从下述方面入手加以解决。

　　（1）调节 pH

　　pH 影响细胞表面金属吸附点和金属离子的化学状态，是导致重金属富集的关键因素。有研究表明，在适宜的 pH 范围内，重金属吸附量随 pH 升高而增大，但金属吸附量与 pH 之间并不是呈简单的线性关系。当溶液 pH 过低时，溶液中大量水合氢离子（H_3O^+）会与重金属离子竞争吸附活性位点，并使菌体细胞壁质子化，增加细胞表面的静电斥力；当 pH 超过金属离子微沉淀上限时，重金属离子会形成氧化物沉淀，吸附量不再增加。不同食用菌品种与不同生长阶段的 pH 调控有内在规律，一般以控制在 6～7 为宜，但还必须根据具体品种来选择，其难度在于既要满足食用菌生长又要有效抑制重金属吸收，这是不易做到两全其美的，分阶段调控是有效的方法。

（2）选择适宜生长的培养料

食用菌中的重金属主要来源于培养料。可以通过优化食用菌培养料的配方，来有效调控重金属吸收或者降低有害物质的累积。

（3）因地制宜优化选择品种

不同的食用菌品种对重金属的富集能力有明显差异。针对培养料的重金属背景的不同，可以选择特定的食用菌菌种进行栽培。

（4）优化利用正向抑制方法

在栽培原料中添加有益金属元素，对食用菌中的重金属富集具有一定的抑制作用。例如添加适当的钙、镁和锌等矿质营养，有利于缓解重金属的胁迫毒害作用，这种缓解作用可能是由于钙离子以及其他盐离子与重金属离子发生竞争吸收，改变了重金属运输位点，进而导致减少吸收重金属离子。在培养基添加硒等微量元素，其可以与镉形成硒－镉复合物，复合物的形成则可降低镉对生物体的毒害作用。有研究表明，如果在覆盖土中添加磷酸盐后，可以降低重金属有效态浓度，促使栽培料中重金属向残渣态转化。

四、食用菌重金属检测

食品安全问题特别是农产品质量安全问题，关系人民的健康和生命的安全，要坚持零容忍态度。为了维护公众的身体健康和生命安全，促进产业健康发展和农民增收，实现生态安全和可持续发展，必须高度重视农产品质量安全工作，努力确保农产品消费安全，不断满足人民群众日益增长的对安全优质农产品的需求。

农产品质量安全检验检测工作是农产品质量安全工作的重要组成部分。开展食用菌重金属检验检测，构建食用菌重金属污染控制技术体系，对食用菌生产过程实时监控和预警，切实提高产品质量安全水平，可为食用菌产业发展规划提供强有力的技术支撑，为以木耳为重点的食用菌产业高质量发展保驾护航，真正把习近平总书记"小木耳、大产业"的要求落到实处。

1. 重金属检测技术

目前应用于农业环境及农产品质量安全中重金属检测分析技术主要有两大类，一类是适用于风险监测评估、预警方面要求大数据量、高时效性的快速、廉价、高通量的定性或半定量重金属快速检测技术，另一类是包括原子吸收光谱法（AAS）、原子荧光光谱法（AFS）、紫外可见分光光度法（UV）、电感耦合等离子发射光谱法（ICP-OES）/质谱法（ICP-MS）以及液相色谱法（HPLC）等的定量检测技术。

（1）快速检测技术

为了适应实际需要和方便使用，近年来国内外学者不断研究推出一些重金属快速检测技术。快速检测技术虽然只能对重金属污染物进行定性或半定量检测，灵敏度和准确性也不及传统检测技术，但其具有方便、快速、经济、高效等优点，特别适用于食品中重金属污染物的现场检测，在食品重金属污染防控方面可起到预警作用。

①快速检测试纸法。在重金属检测的方法中，化学显色反应应用较为广泛，主要通过重金属离子与显色剂发生显色反应进行重金属含量的检测。这些方法与试纸、检测管、试剂盒等结合后，可对重金属进行快速检测。利用重金属与试剂发生化学反应的原理，用纤维类滤纸作为反应载体，可由试纸上的颜色变化分析重金属含量。

②阳极溶出伏安法（ASV）。在一定的电位下，使待测金属离子部分还原成金属并溶入微电极或析出于电极表面，然后向电极施加反向电压，使微电极上的金属氧化而产生氧化电流，根据氧化过程的电流 - 电压曲线进行分析的伏安法。其主要特点是能够区别溶液中的各种痕量金属的不同的化学形态，且可同时测定多种金属，价格低廉，操作简便。

③电化学分析法（EA）。它是根据被测物质在溶液中的电化学性质及其变化为基础，建立物质组成与浓度之间的关系。电化学分析技术中一个标准的电分析化学体系包含电解质溶液、电化学传感器（也称电极）以及电化学检测仪器。

④酶抑制法。酶抑制法检测的基本原理是重金属离子与形成酶活性中心的巯基或甲巯基结合后，会改变酶活性中心的结构与性质，导致酶活力下降，进而引发系统中的性能发生变化，例如显色剂颜色、pH、电导率和吸光度等。这些性能的变化可直接通过肉眼或借助于电信号、光信号等加以区别。酶抑制法具有快速、简便、对所分析的样品需要量少等优点。目

前用于痕量重金属测定的常用酶有脲酶、过氧化物酶、黄嘌呤氧化酶、葡萄糖氧化酶、丁酰胆碱酯酶和异柠檬酸脱氢酶等。由于脲酶廉价易得，故使用最广泛。

⑤酶联免疫吸附反应法（ELISA）。将抗原抗体特异性免疫反应与酶催化作用相结合起来的一种检测技术，具有特异性强、灵敏度高、方便快捷、操作简单、便于易携、快速准确、可应用于大量样品检测等优点，一般不需贵重的仪器设备。ELISA技术作为实验室常规技术方法，不需要专业系统的理论基础，普通实验人员即可熟练操作，样品检测所需时间短，可根据标准曲线对待检物进行定量。但ELISA试剂盒的检测范围受到特异性抗体亲和力与灵敏度的制约，有一定的适用范围，实际样品检测时可能出现假阳性问题，容易引起误判，每次进行定量检测时都要做标准曲线。

（2）定量检测技术

重金属定量检测需要较高的精准度和准确度，当前应用最广泛的技术是光谱检测技术，其中经常采用石墨炉原子吸收光谱法对微量重金属元素铅、镉、铬进行检测，采用原子荧光光谱法对微量重金属元素砷、汞进行检测。

①原子吸收光谱法（AAS）。原子吸收光谱法是基于待测元素的基态原子蒸气对其特征谱线的吸收，由特征谱线的特征性和谱线被减弱的程度对待测元素进行定性定量分析的方法，又称原子分光光度法，是现今在环境及食品中技术手段最为成熟、应用最为广泛的一种检测方法。优点：灵敏度高（火焰法检测浓度一般为mg/L，石墨炉法为μg/L）；精密度高（火焰法RSD<1%，石墨炉法RSD=3%～5%）；选择性好（即干扰少）；分析速度快、应用范围广（火焰法可分析30多种，石墨炉法可分析70多种元素）；方法针对性强、受外界影响小。缺点：不能多元素同时分析；样品前处理麻烦；仪器设备价格昂贵；设备占用空间大、操作复杂；技术要求较高。

②原子荧光光谱法（AFS）。原子荧光光谱法利用吸收辐射能量后的蒸气态原子会发出特征波长荧光的特性，并且荧光强度与元素浓度成正比的特点来进行定量检测。优点：发射谱线简单、干扰少；灵敏度更高、检出限低；线性范围较宽；能够同时对多元素进行测定。缺点：有些元素灵敏度差、线性范围窄；荧光弱，杂散光影响干扰大；应用元素范围有限。

③紫外可见分光光度法（UV）。紫外可见分光光度法是利用重金属离

子与显色剂可以发生络合反应的特性，生成有色分子团，利用显色深浅与浓度成正比的关系，在特定波长下，比色进行定量检测分析。分光光度分析有两种，一种是利用物质本身对紫外及可见光的吸收进行测定；另一种是生成有色化合物，即"显色"然后测定。虽然不少无机离子在紫外和可见光区有吸收，但因一般强度较弱，所以直接用于定量分析的较少。加入显色剂使待测物质转化为在紫外和可见光区有吸收的化合物来进行光度测定，这是目前应用最广泛的测试手段。显色剂分为无机显色剂和有机显色剂，而以有机显色剂使用较多。大多数有机显色剂本身为有色化合物，与金属离子反应生成的化合物一般是稳定的螯合物。显色反应的选择性和灵敏度都较高。

④电感耦合等离子体质谱法（ICP-MS）。电感耦合等离子体质谱法是通过电感耦合等离子体使检测样本气化、原子化，从而将检测金属分离出来，通过与质谱的结合确定待测金属元素的质量。是目前比较先进、检测结果误差较小的方法，可以同时检测多种重金属元素，几乎可以测定已知的所有金属和非金属元素，具有灵敏度高、检测速度快、线性范围宽、干扰小，检测限低至 ppt 级等优点。但其成本高、易受污染限制了该方法的普遍应用。

⑤液相色谱法（HPLC）。液相色谱法是利用痕量的重金属离子与有机试剂发生络合反应后产生络合物，再利用色谱柱分离成单个成分后，检测器实现对重金属元素的定性和定量分析，可以同时检测多种重金属元素，还可以与 ICP-MS、AFS 等联用实现对重金属的检测。HPLC 具有应用范围广、色谱柱可反复使用、样品不被破坏、易回收等特点，但也有缺点，比如"柱外效应"、络合试剂的选择有限等，给 HPLC 的广泛应用带来了局限性。经常用来测定药材中重金属含量，如中药材中 Hg、Cu 和 Pb。

2. 样品前处理常用技术

在样品中，重金属一般以化合态形式存在。因此，在检测时需要对样品进行前处理使重金属以离子状态存在于试液中才能进行客观准确的分析。此外，样品的前处理是为了去除干扰因素，保留完整的被测组分，或使被测组分浓缩。样品前处理是重金属检测最为关键的步骤，直接影响分析结果的精密度和准确度，选择合适的前处理方法，缩短样品的前处理时间，是在保证检验质量的同时提高检验效率的一个重要方法。

（1）湿法消解

用无机强酸和 / 或强氧化剂溶液将样品中的有机物质分解、氧化，使待测组分转化为可测定无机化合物的方法，常用的氧化性酸和氧化剂有浓硝酸、浓硫酸、高氯酸、高锰酸钾、过氧化氢等。用于湿法消解的加热设备有电热板、水浴锅等。湿法消解是做元素分析最直接、最有效、最经济的一种样品前处理手段。优点：称样量限制不大；所需设备简单；可以随时观察样品状态；可一次处理较多数量样品；控制好消化温度，大部分元素一般很少或几乎没有损失。缺点：消解时间长；样品消化时常使用的硝酸、高氯酸、过氧化氢、硫酸等试剂都具有腐蚀性且比较危险；若赶酸不完全易导致酸污染，对元素的光谱测定存在干扰。

（2）干灰化法

样品放在坩埚中，在电炉上加热使样品有机物脱水、炭化、分解、氧化，再于高温电炉中（500 ℃～550 ℃）灼烧灰化，残灰为白色或浅灰色，得到的残渣即为无机成分，可供检测用。优点：适用范围广；操作简单；一次可处理大批量样品；使用试剂少；空白值低。缺点：灰化时间长、温度高，易使汞、砷等易挥发元素造成挥散损失；有些元素还需要加入助灰化剂。

（3）微波消解

利用微波的穿透性和激活反应能力，使样品温度升高，在密封装置中酸溶液和样品在高温增压条件下有机物质快速分解，待测组分转化为可测定无机化合物的方法。优点：消解能力强、速度快，需要时间短；消解完全；消解过程控制性强，元素几乎不损失；酸消耗量少，环境污染小；一次样品处理后就可同时测定几种元素。缺点：样品取样量有限制；微波消解设备昂贵；样品批处理能力不如湿法消解和干灰化法。

3. 食用菌重金属定量检测方法

（1）试样制备

①干制食用菌子实体。用剪刀剪成小块，再经多功能粉碎机磨粉碎，使样品全部通过 425 μm 标准尼龙网筛，混匀，装入聚乙烯样品盒中，贴上标签，常温下保存备用。

②新鲜食用菌子实体。用食物料理机制成匀浆，装入聚乙烯样品盒中，贴上标签，于 -18 ℃～-16 ℃保存备用。

（2）检测方法

食用菌中铅、镉、汞、砷和铬元素的定量检测可分别参考以下方法标准：

GB 5009.12—2017《食品安全国家标准　食品中铅的测定》；

GB 5009.15—2014《食品安全国家标准　食品中镉的测定》；

GB 5009.17—2021《食品安全国家标准　食品中总汞及有机汞的测定》；

GB 5009.11—2014《食品安全国家标准　食品中总砷及无机砷的测定》；

GB 5009.123—2014《食品安全国家标准　食品中铬的测定》。

五、食用菌重金属污染风险评价

食用菌具有富集金属元素及矿物质的生物学特性，人们在利用食用菌富集有益于人体健康物质特征的同时，也要规避其对重金属富集作用而产生的人体健康风险。开展食用菌重金属污染风险评价，一方面为食用菌消费安全风险预警提供依据和参考，另一方面为食用菌中化学污染物风险防控技术研究奠定基础。

1. 食用菌中常见重金属污染物限量

根据 GB 2762—2017《食品安全国家标准　食品中污染物限量》和 NY/T 749—2023《绿色食品　食用菌》确定食用菌中重金属铅、镉、砷、汞的检测方法和限量值见表 4-8。

表 4-8　食用菌重金属污染限量值和检测方法

项目	限量值（mg/kg）		检测方法
	食用菌鲜品	食用菌干品	
铅（以 Pb 计）	≤1.0	≤2.0	GB 5009.12—2017《食品安全国家标准　食品中铅的测定》
镉（以 Cd 计）	≤0.2（香菇≤0.5）	≤1.0（香菇≤2.0）	GB 5009.15—2014《食品安全国家标准　食品中镉的测定》
总砷（以 As 计）	≤0.5	≤1.0	GB 5009.11—2014《食品安全国家标准　食品中总砷及无机砷的测定》
总汞（以 Hg 计）	≤0.1	≤0.2	GB 5009.17—2021《食品安全国家标准　食品中总汞及有机汞的测定》

2. 常用食用菌重金属污染风险评价方法

目前，国内评价重金属污染风险的方法有单因子污染指数法、综合因子污染指数法、重金属风险等级评价方法等，其中前两种方法在评价食用菌重金属污染风险中最为常用。单因子污染指数法和综合因子污染指数法的优点与缺点见表4-9。

表4-9 单因子污染指数法和综合因子污染指数法的优点与缺点

项目	单因子污染指数法	综合因子污染指数法
计算公式	$P_i = C_i / S_i$ （P_i为食用菌中重金属的污染指数；C_i为食用菌中第i种重金属的实测浓度，单位为mg/kg；S_i为食用菌中第i种重金属的限量标准，单位为mg/kg）	$P = \sqrt{\dfrac{P_i + P_{max}}{2}}$ （P_i为各污染指数的平均值，P_{max}为最大污染指数）
结果	$P_i \leq 0.6$（一级）存在污染物，含量接近或略高于背景值 0.6～1.0（二级）污染物残留物较多 $P_i \geq 1.0$（三级）污染物含量超过限量标准，食用产生潜在危害	$P<1$（Ⅰ）非污染 $1<P\leq2$（Ⅱ）轻污染 $2<P\leq3$（Ⅲ）中污染 $3<P\leq5$（Ⅳ）重污染 $P>5$（Ⅴ）严重污染
优点	1. 最简单的环境质量指数； 2. 能在众多污染因子中判断出主要污染物	1. 考虑了各种污染因子在污染评价中所占的权重； 2. 数学运算过程简洁、方便，物理概念清晰； 3. 能客观全面地反映污染状况与污染程度
缺点	对各种污染因子实行"一票否决"或者"一刀切"，难以科学、客观地反映污染状况	难以反映污染特征

3. 食用菌膳食暴露评估方法

膳食暴露评估是食品危险度评估的重要组成部分，也是膳食安全性的衡量指标。膳食暴露评估是对物理性、化学性、生物性因子通过食品或其他相关来源的摄入量进行定性定量评估，并通过相应的统计软件处理，估计其膳食暴露量，然后根据评估目的、目标化学物特征、人群特点、评估精度构建确定性单一分布模型和概率分布模型，最终完成整个评估过程。膳食暴露评估将食品的污染数据和消费量结合起来，对重金属的摄入量进行定性或定量评价，从而为风险评估提供可靠的暴露数据，这一方法在国际上得到了广泛认可。膳食暴露评估主要有3种模型：点评估模型、简单分布模型以及概率评估模型，目前国际上常用的暴露风险评估模型主要有点评估和概率评估两种。

点评估模型是将人群的食物消费量设为固定值（如平均消费量或高水平消费量），乘以固定的污染物浓度（通常是平均水平或法定允许最高水平），并将所有来源的暴露量进行累加处理。当高水平含量值用于代表食品消费量或化学浓度数据时，它是优先进行暴露筛选的方法。此方法操作简单，便于理解推广，但是忽略了个体的差异性，是保守的膳食暴露评估方法。

概率评估模型是最典型、应用最广的定量风险评价方法。它是一个综合的过程，是各种安全性分析方法的集成运用，其主要工作包括风险模型建立和风险模型的定量化。此方法可以对不确定性因素进行全面分析，是一种更为精确的膳食暴露评估方法，结果较真实且不确定性小，但需要的样本量大、费用高，大范围实施难度大。

附录

木耳中有机磷、有机氯、拟除虫菊酯
和氨基甲酸酯类农药多残留的测定

第1部分：木耳中有机磷类农药多残留的测定　气相色谱法

方法一

1　范围

本部分规定了木耳中15种有机磷类农药（见附录A）残留量的气相色谱测定方法。

本部分适用于木耳中15种有机磷类农药残留量的测定。

2　规范性引用文件

下列文件中的内容通过文中的规范性引用而构成本文件必不可少的条款。其中，注日期的引用文件，仅该日期对应的版本适用于本文件；不注日期的引用文件，其最新版本（包括所有的修改单）适用于本文件。

GB 2763　食品安全国家标准 食品中农药最大残留限量

GB/T 6682　分析实验室用水规格和试验方法

3　术语和定义

本文件没有需要界定的术语和定义。

4　原理

试样中有机磷类农药经乙腈提取，提取液经水浴蒸发浓缩后，用丙酮定容，双自动进样器同时进样，农药组分经不同极性的两根毛细管柱分离，火焰光度检测器检测。双柱保留时间定性，外标法定量。

5 试剂与材料

除另有说明外，所用试剂均为分析纯，实验用水应符合 GB/T 6682 中一级水的规定。

5.1 试剂

5.1.1 乙腈。

5.1.2 丙酮：色谱纯。

5.1.3 氯化钠。

5.2 标准品

15 种有机磷类农药标准品，见附录 A，纯度≥96%。

5.3 标准溶液配制

5.3.1 单一标准溶液

准确称取 10 mg（精确至 0.1 mg）各农药标准品，分别用丙酮溶解并定容至 10 mL，配制成 1 000 mg/L 单一农药标准储备溶液，于 -18 ℃避光保存，有效期 1 年。使用时，根据各农药在检测器上的响应值，准确吸取适量某单一农药标准储备溶液，用丙酮稀释，配制成所需质量浓度的单一标准溶液。

5.3.2 混合标准溶液

按照农药的性质和保留时间，将 15 种农药分为 Ⅰ、Ⅱ 两个组。按照附录 A 中组别，根据各农药在检测器上的响应值，逐一准确吸取适量同组别的各单一农药标准储备溶液于同一容量瓶中，用丙酮定容，采用同样方法配制成 2 组混合标准溶液。混合标准溶液避光 0 ℃～4 ℃保存，有效期 1 个月，使用前用丙酮稀释成所需质量浓度的混合标准溶液。

5.3.3 基质混合标准溶液

取 1 mL 空白基质溶液氮气吹干，用 1 mL 所需质量浓度的混合标准溶液复溶，过微孔滤膜。基质混合标准溶液应临用现配。

注：空白基质溶液处理的称样量应与相应试样处理的称样量一致。

5.4 材料

微孔滤膜：有机相，13 mm × 0.22 μm。

6 仪器设备

6.1 气相色谱仪：带有双火焰光度检测器（FPD），双塔自动进样器，双

分流 / 不分流进样口。

6.2 分析天平：感量 0.1 mg 和 0.01 g。

6.3 组织捣碎机：转速不低于 30 000 r/min。

6.4 匀浆机：转速不低于 15 000 r/min。

6.5 离心机：转速不低于 8 000 r/min。

6.6 水浴锅：可控温。

6.7 氮吹仪：可控温。

6.8 涡旋振荡器。

7 试样制备

鲜木耳随机取样 1 kg，切碎，充分混匀，用四分法缩分取样或全部放入组织捣碎机中捣碎成匀浆，按照待检样和备样分装于聚乙烯盒或袋中。

干木耳随机取样 0.5 kg，用四分法缩分取样或全部放入组织捣碎机中粉碎，使其全部可通过 850 μm 标准网筛。粉碎后充分混匀，按照待检样和备样分装于聚乙烯盒或袋中。

8 试样储存

将试样按照待检样和备样分别存放。鲜木耳试样于 –18 ℃ 条件下保存，干木耳试样于常温下保存。

9 分析步骤

9.1 提取

9.1.1 鲜木耳

准确称取 25 g 试样（精确至 0.01 g）于 120 mL 聚乙烯离心管中，加入 50.0 mL 乙腈，15 000 r/min 匀浆 2 min，加入 5 g～7 g 氯化钠，盖上盖子，剧烈震荡 1 min，8 000 r/min 离心 5 min。

9.1.2 干木耳

准确称取 2 g 试样（精确至 0.01 g）于 120 mL 聚乙烯离心管中，加入 30 mL 水涡旋混匀，静置 30 min。加入 50.0 mL 乙腈，15 000 r/min 匀浆 2 min，加入 7 g～9 g 氯化钠，盖上盖子，剧烈震荡 1 min，8 000 r/min 离心 5 min。

9.2 净化

从聚乙烯离心管中吸取 10.00 mL 上清液，放入 100 mL 烧杯中，80 ℃

水浴蒸发至近干，取出烧杯，待冷却后加入 2 mL 丙酮溶解残留物，将溶液完全转移至 15 mL 刻度试管中，再用 2 mL 丙酮冲洗烧杯，溶液转移至上述同一刻度试管中，并重复两次。将试管中溶液于 50 ℃ 水浴条件下氮吹至小于 2 mL，用丙酮定容至 2.0 mL，涡旋混匀，过微孔滤膜，移入两个进样瓶各约 1 mL，供色谱测定。

9.3 测定

9.3.1 仪器参考条件

a）色谱柱

A 柱：DB-1701 或 HP-1701 柱，30 m × 0.25 mm × 0.25 μm，或相当者。

B 柱：InertCap 1 或 DB-1 柱，30 m × 0.32 mm × 0.25 μm，或相当者。

b）温度

进样口温度：220 ℃。

检测器温度：250 ℃。

色谱柱温度：150 ℃ 保持 2 min；以 8 ℃/min 的速率升温至 250 ℃，保持 12 min。

c）气体及载气流量

载气：氮气，纯度≥99.999%。流速：A 柱 1.6 mL/min，B 柱 2.2 mL/min。

燃气：氢气，纯度≥99.999%，流速 62.5 mL/min。

助燃气：空气，流速为 90 mL/min。

d）进样量：1.0 μL。

e）进样方式：不分流进样。样品溶液一式两份，由双自动进样器同时进样。

9.3.2 色谱分析

将基质混合标准溶液和净化后的试样溶液依次注入色谱仪中进行检测，以双柱保留时间定性，以 A 柱获得的目标农药色谱峰面积与标准色谱峰面积比较定量。各农药混合标准溶液色谱图见附录 B。

9.4 平行试验

按以上分析步骤对同一试样进行平行测定。

9.5 空白实验

除不加试样外，均按上述分析步骤进行。

10　结果表述

10.1　定性分析

双柱测得样品溶液中目标农药色谱峰的保留时间与同一色谱柱上相应标准色谱峰的保留时间相比较，相差均应在 ±0.05 min 之内。

10.2　结果计算

试样中各农药残留量按公式（1）计算。

$$\omega = \frac{V_1 \times V_3}{V_2 \times m} \times C \qquad\qquad (1)$$

式中：

ω——试样中被测物残留量，单位为毫克每千克（mg/kg）；

V_1——提取溶剂总体积，单位为毫升（mL）；

V_2——提取液分取体积，单位为毫升（mL）；

V_3——样品溶液定容体积，单位为毫升（mL）；

m——试样的质量，单位为克（g）；

C——样品溶液中被测物的浓度，单位为毫克每升（mg/L）。

计算结果应扣除空白值，计算结果以重复性条件下获得的两次独立测定结果的算术平均值表示，保留 2 位有效数字。当结果大于 1 mg/kg 时，保留 3 位有效数字。

11　精密度

11.1　在重复性条件下，获得的两次独立测试结果的绝对差值不得超过重复性限（r），见附录 C。

11.2　在再现性条件下，获得的两次独立测试结果的绝对差值不得超过再现性限（R），见附录 C。

12　其他

本方法对木耳中 15 种有机磷类农药残留定量限见附录 A。

方法二

1　范围

同方法一。

2　规范性引用文件

同方法一。

3　术语和定义

同方法一。

4　原理

试样中有机磷类农药经乙腈提取，提取液经水浴蒸发浓缩后，用丙酮定容，注入气相色谱仪，农药组分经毛细管柱分离，火焰光度检测器检测。保留时间定性，外标法定量。

5　试剂与材料

同方法一。

6　仪器设备

6.1　气相色谱仪：带有火焰光度检测器（FPD），毛细管进样口。
6.2　其余仪器设备同方法一。

7　试样制备

同方法一。

8　试样储存

同方法一。

9　分析步骤

9.1　提取

同方法一。

9.2　净化

同方法一。

9.3　测定

9.3.1　仪器参考条件

a）色谱柱

DB-1701 或 HP-1701 柱，30 m × 0.25 mm × 0.25 μm，或相当者。

b）温度

同方法一。

c）气体及载气流量

同方法一。

d）进样量

同方法一。

e）进样方式：不分流进样。

9.3.2 色谱分析

将基质混合标准溶液和净化后的试样溶液依次注入色谱仪中进行检测，以保留时间定性，以目标农药色谱峰面积与标准色谱峰面积比较定量。各农药混合标准溶液色谱图见附录 B（A 柱）。

9.4 平行试验

按以上分析步骤对同一试样进行平行测定。

9.5 空白实验

除不加试样外，均按上述分析步骤进行。

10 结果表述

10.1 定性分析

以目标农药的保留时间定性。样品溶液中目标农药色谱峰的保留时间与相应标准色谱峰的保留时间相比较，相差应在 ±0.05 min 之内。阳性试样需更换 InertCap 1 或 DB-1 柱（或相当者）进行定性确认。

10.2 定量结果计算

同方法一。

11 精密度

同方法一。

12 其他

同方法一。

第2部分：木耳中有机氯及拟除虫菊酯类农药多残留的测定
气相色谱法

方法一

1 范围

本部分规定了木耳中17种有机氯及拟除虫菊酯类农药（见附录D）残留量的气相色谱测定方法。

本部分适用于木耳中17种有机氯及拟除虫菊酯类农药残留量的测定。

2 规范性引用文件

下列文件中的内容通过文中的规范性引用而构成本文件必不可少的条款。其中，注日期的引用文件，仅该日期对应的版本适用于本文件；不注日期的引用文件，其最新版本（包括所有的修改单）适用于本文件。

GB 2763 食品安全国家标准 食品中农药最大残留限量

GB/T 6682 分析实验室用水规格和试验方法

3 术语和定义

本文件没有需要界定的术语和定义。

4 原理

试样中有机氯类、拟除虫菊酯类农药经乙腈提取，提取液经水浴蒸发浓缩、正己烷稀释，采用固相萃取技术分离、净化，再经氮吹浓缩后，双自动进样器同时进样，农药组分经不同极性的两根毛细管柱分离，电子捕获检测器检测。双柱保留时间定性，外标法定量。

5 试剂与材料

除另有说明外，所用试剂均为分析纯，实验用水应符合GB/T 6682中一级水的规定。

5.1 试剂

5.1.1 乙腈。

5.1.2 丙酮：色谱纯。

5.1.3 正己烷：色谱纯。

5.1.4 氯化钠。

5.2 标准品

17 种有机氯及拟除虫菊酯类农药标准品，见附录 D，纯度≥96%。

5.3 标准溶液配制

5.3.1 单一标准溶液

准确称取 10 mg（精确至 0.1 mg）各农药标准品，分别用正己烷溶解并定容至 10 mL，配制成 1 000 mg/L 单一农药标准储备溶液，于 -18 ℃避光保存，有效期 1 年。使用时，根据各农药在检测器上的响应值，准确吸取适量某单一农药标准储备溶液，用正己烷稀释，配制成所需质量浓度的单一标准溶液。

5.3.2 混合标准溶液

按照农药的性质和保留时间，将 17 种农药分为 I、II 两个组。按照附录 D 中组别，根据各农药在检测器上的响应值，逐一准确吸取适量同组别的各单一农药标准储备溶液于同一容量瓶中，用正己烷定容至刻度。采用同样方法配制成 2 组混合标准溶液。混合标准溶液避光 0 ℃～4 ℃保存，有效期 1 个月。使用前用正己烷稀释成所需质量浓度的混合标准溶液。

5.3.3 基质混合标准溶液

取 1 mL 空白基质溶液氮气吹干，用 1 mL 适当质量浓度的混合标准溶液复溶，过微孔滤膜。基质混合标准溶液应临用现配。

注：空白基质溶液处理的称样量应与相应试样处理的称样量一致。

5.4 材料

5.4.1 固相萃取柱：弗罗里矽柱，1 000 mg/6 mL。

5.4.2 微孔滤膜：有机相，13 mm × 0.22 μm。

6 仪器设备

6.1 气相色谱仪：带有双电子捕获检测器（ECD），双塔自动进样器，双分流 / 不分流进样口。

6.2 分析天平：感量 0.1 mg 和 0.01 g。

6.3 组织捣碎机：转速不低于 30 000 r/min。

6.4 匀浆机：转速不低于 15 000 r/min。

6.5 离心机：转速不低于 8 000 r/min。

6.6 水浴锅：可控温。

6.7 氮吹仪：可控温。

6.8 涡旋振荡器。

7　试样制备

同第 1 部分方法一。

8　试样储存

同第 1 部分方法一。

9　分析步骤

9.1　提取

同第 1 部分方法一。

9.2　净化

准确吸取 10.00 mL 上清液，放入 100 mL 烧杯中，80 ℃水浴蒸发至近干，加入 2 mL 正己烷溶解残留物，盖上铝箔，待净化。

将弗罗里矽柱依次用 5.0 mL 丙酮－正己烷（10+90，体积比）、5.0 mL 正己烷预淋洗。当净化柱内溶剂液面到达吸附层表面时，立即倒入上述待净化溶液，并用 15 mL 刻度试管接收洗脱液，用 2 mL 丙酮－正己烷（10+90，体积比）冲洗烧杯后淋洗弗罗里矽柱，并重复两次。将试管中溶液在 50 ℃水浴条件下氮吹至小于 2 mL，用正己烷定容至 2.0 mL，涡旋混匀，过微孔滤膜，分别移入两个进样瓶各约 1 mL，供色谱测定。

9.3　测定

9.3.1　色谱参考条件

a）色谱柱

A 柱：InertCap 5 或 DB-5 柱，30 m × 0.32 mm × 0.25 μm，或相当者。

B 柱：InertCap 17 或 DB-17 柱，30 m × 0.32 mm × 0.25 μm，或相当者。

b）温度

进样口温度：200 ℃。

检测器温度：320 ℃。

色谱柱温度：150 ℃保持 2 min，然后以 6 ℃/min 程序升温至 270 ℃，保持 16 min。

c）气体及载气流量

载气：氮气，纯度≥99.999%，流速 2.3 mL/min。

辅助气：氮气，纯度≥99.999%，流速 26 mL/min。

d）进样量：1.0 μL。

e）进样方式：

分流进样，分流比 10∶1。样品溶液一式两份，由双自动进样器同时进样。

9.3.2 色谱分析

将基质混合标准溶液和净化后的试样溶液依次注入色谱仪中进行检测，以双柱保留时间定性，以 A 柱获得的目标农药色谱峰面积与标准色谱峰面积比较定量。各农药混合标准溶液色谱图见附录 E。

9.4 平行试验

按以上分析步骤对同一试样进行平行测定。

9.5 空白实验

除不加试样外，均按上述分析步骤进行。

10 结果表述

10.1 定性分析

双柱测得样品溶液中目标农药色谱峰的保留时间与同一色谱柱上相应标准色谱峰的保留时间相比较，相差均应在 ±0.05 min 之内。

10.2 结果计算

试样中各农药残留量按公式（1）计算。

$$\omega = \frac{V_1 \times V_3}{V_2 \times m} \times C \tag{1}$$

式中：

ω——试样中被测物残留量，单位为毫克每千克（mg/kg）；

V_1——提取溶剂总体积，单位为毫升（mL）；

V_2——提取液分取体积，单位为毫升（mL）；

V_3——样品溶液定容体积，单位为毫升（mL）；

m——试样的质量，单位为克（g）；

C——样品溶液中被测物的浓度，单位为毫克每升（mg/L）。

计算结果应扣除空白值，计算结果以重复性条件下获得的两次独立测定结果的算术平均值表示，保留 2 位有效数字。当结果大于 1 mg/kg 时，保留 3 位有效数字。

11　精密度

11.1　在重复性条件下，获得的两次独立测试结果的绝对差值不得超过重复性限（r），见附录 F。

11.2　在再现性条件下，获得的两次独立测试结果的绝对差值不得超过再现性限（R），见附录 F。

12　其他

本方法对木耳中 17 种有机氯及拟除虫菊酯类农药残留定量限见附录 D。

方法二

1　范围

同方法一。

2　规范性引用文件

同方法一。

3　术语和定义

同方法一。

4　原理

试样中有机氯类、拟除虫菊酯类农药经乙腈提取，提取液经水浴蒸发浓缩、正己烷稀释，采用固相萃取技术分离、净化，再经氮吹浓缩后，注入气相色谱仪，农药组分经毛细管柱分离，电子捕获检测器（ECD）检测。保留时间定性，外标法定量。

5 试剂与材料

同方法一。

6 仪器设备

6.1 气相色谱仪：带有电子捕获检测器（ECD），毛细管进样口。

6.2 其余仪器设备同方法一。

7 试样制备

同方法一。

8 试样储存

同方法一。

9 分析步骤

9.1 提取

同方法一。

9.2 净化

同方法一。

9.3 测定

9.3.1 色谱参考条件

a）色谱柱

InertCap 5 或 DB-5 柱，30 m × 0.32 mm × 0.25 μm，或相当者。

b）温度

同方法一。

c）气体及载气流量

同方法一。

d）进样量

同方法一。

e）进样方式：

分流进样，分流比 10：1。

9.3.2　色谱分析

将基质混合标准溶液和净化后的试样溶液依次注入色谱仪中进行检测，以保留时间定性，以目标农药色谱峰面积与标准色谱峰面积比较定量。各农药混合标准溶液色谱图见附录 E（A 柱）。

9.4　平行试验

按以上分析步骤对同一试样进行平行测定。

9.5　空白实验

除不加试样外，均按上述分析步骤进行。

10　结果表述

10.1　定性分析

以目标农药的保留时间定性。样品溶液中目标农药色谱峰的保留时间与相应标准色谱峰的保留时间相比较，相差应在 ±0.05 min 之内。阳性试样需更换 InertCap 17 或 DB-17 柱（或相当者）进行定性确认。

10.2　结果计算

同方法一。

11　精密度

同方法一。

12　其他

同方法一。

第 3 部分：木耳中氨基甲酸酯类农药多残留的测定
液相色谱 - 柱后衍生法

1　范围

本部分规定了木耳中 4 种氨基甲酸酯类农药及其代谢物（见附录 G）残留量的液相色谱 - 柱后衍生测定方法。

本部分适用于木耳中 4 种氨基甲酸酯类农药及其代谢物残留量的测定。

2 规范性引用文件

下列文件中的内容通过文中的规范性引用而构成本文件必不可少的条款。其中，注日期的引用文件，仅该日期对应的版本适用于本文件；不注日期的引用文件，其最新版本（包括所有的修改单）适用于本文件。

GB 2763 食品安全国家标准 食品中农药最大残留限量

GB/T 6682 分析实验室用水规格和试验方法

3 术语和定义

本文件没有需要界定的术语和定义。

4 原理

试样中氨基甲酸酯类农药及其代谢物经乙腈提取，提取液经水浴蒸发浓缩、甲醇稀释，用固相萃取技术分离、净化，再经氮吹浓缩，用带有荧光检测器和柱后衍生系统的液相色谱仪进行检测。保留时间定性，外标法定量。

5 试剂与材料

除另有说明外，所用试剂均为分析纯，实验用水应符合 GB/T 6682 中一级水的规定。

5.1 试剂

5.1.1 乙腈。

5.1.2 甲醇：色谱纯。

5.1.3 二氯甲烷：色谱纯。

5.1.4 氯化钠。

5.1.5 邻苯二甲醛。

5.1.6 巯基乙醇。

5.1.7 氢氧化钠。

5.1.8 十水四硼酸钠

5.2 溶液配制

5.2.1 甲醇-二氯甲烷溶液（1+99，体积比）：量取 10 mL 甲醇加入

990 mL 二氯甲烷中，混匀。

5.2.2　氢氧化钠溶液（0.05 mol/L）：称取 2.0 g 氢氧化钠，用水溶解并定容至 1 000 mL，混匀。

5.2.3　十水四硼酸钠溶液（4 g/L）：称取 4.0 g 十水四硼酸钠，用水溶解并定容至 1 000 mL，混匀。

5.2.4　OPA 试剂：称取 100.0 mg 邻苯二甲醛，溶于 5 mL 甲醇中，混匀；再称取 2.0 g 巯基乙醇，溶于 5 mL 十水四硼酸钠溶液（5.2.3），混匀；将上述 2 种溶液倒入 490 mL 十水四硼酸钠溶液（5.2.3），混匀。

5.3　标准品

4 种氨基甲酸酯类农药及其代谢物标准品，见附录 G，纯度≥96%。

5.4　标准溶液配制

5.4.1　标准储备溶液（1 000 mg/L）

准确称取 10 mg（精确至 0.1 mg）各农药标准品，分别用甲醇溶解并定容至 10 mL。标准储备溶液避光 -18 ℃保存，有效期 1 年。

5.4.2　混合标准溶液

准确吸取一定量的各农药标准储备溶液于同一容量瓶中，用甲醇定容。混合标准溶液避光 0 ℃～4 ℃保存，有效期 1 个月。

5.5　材料

5.5.1　固相萃取柱：氨基柱，500 mg/6 mL。

5.5.2　微孔滤膜：有机相，13 mm × 0.22 μm。

6　仪器设备

6.1　液相色谱仪：配有柱后衍生反应装置和荧光检测器（FLD）。

6.2　分析天平：感量 0.1 mg 和 0.01 g。

6.3　组织捣碎机：转速不低于 30 000 r/min。

6.4　匀浆机：转速不低于 15 000 r/min。

6.5　离心机：转速不低于 8 000 r/min。

6.6　水浴锅：可控温。

6.7　氮吹仪：可控温。

6.8　涡旋振荡器。

7 试样制备

同第 1 部分方法一。

8 试样储存

同第 1 部分方法一。

9 分析步骤

9.1 提取

同第 1 部分方法一。

9.2 净化

从离心管中准确吸取 10.00 mL 上清液，放入 100 mL 烧杯中，80 ℃水浴蒸发至近干，加入 2.0 mL 甲醇－二氯甲烷（1+99，体积比）溶解残留物，盖上铝箔，待净化。

将氨基柱用 4.0 mL 甲醇－二氯甲烷（1+99，体积比）预淋洗。当净化柱内溶剂液面到达吸附层表面时，立即倒入上述待净化溶液，用 15 mL 刻度试管接收洗脱液，用 2 mL 甲醇－二氯甲烷（1+99，体积比）冲洗烧杯后过柱，并重复两次。将试管中净化液在 50 ℃水浴条件下氮吹至近干，准确加入 1.0 mL 甲醇，涡旋混匀，过微孔滤膜，供色谱测定。

9.3 测定

9.3.1 仪器参考条件

9.3.1.1 色谱柱：C18，3.9 mm × 150 mm × 5 μm。

9.3.1.2 色谱柱温度：35 ℃。

9.3.1.3 荧光检测器：荧光激发波长（λex）350 nm，荧光发射波长（λem）397 nm。

9.3.1.4 溶剂梯度与流速：溶剂梯度与流速见表 1。

9.3.1.5 柱后衍生

a）0.05 mol/L 氢氧化钠溶液：流速 0.3 mL/min。

b）OPA 试剂：流速 0.3 mL/min。

c）反应器温度：水解温度，80 ℃；衍生温度，室温。

9.3.1.6 进样体积：20.0 μL。

表1 溶剂梯度与流速

时间（min）	水（%）	甲醇（%）	乙腈（%）	流速（mL/min）
0.00	88	12	0	1.5
5.30	88	12	0	1.5
5.40	68	16	16	1.5
14.00	68	16	16	1.5
16.10	50	25	25	1.5
20.00	50	25	25	1.5
22.00	88	12	0	1.5
24.00	88	12	0	1.5

9.3.2 标准工作曲线

精确吸取一定量的混合标准溶液，逐级用甲醇稀释成质量浓度为
0.01 mg/L、0.05 mg/L、0.1 mg/L、0.5 mg/L 和 1.0 mg/L 的标准工作溶液，
供液相色谱测定。以农药质量浓度为横坐标、色谱峰的峰面积为纵坐标，
绘制标准曲线。

9.3.3 色谱分析

将基质混合标准溶液和净化后的试样溶液依次注入色谱仪中进行检
测，以保留时间定性，以获得的目标农药色谱峰面积与标准色谱峰面积比
较定量。待测样液中农药的响应值应在仪器检测的定量测定线性范围之
内，超过线性范围时，应根据测定浓度进行适当倍数稀释后再进行分析。
各农药混合标准溶液色谱图见附录 H。

9.4 平行试验

按以上分析步骤对同一试样进行平行测定。

9.5 空白实验

除不加试样外，均按上述分析步骤进行。

10 结果表述

10.1 定性分析

以目标农药的保留时间定性。样品溶液中目标农药色谱峰的保留时间
与相应标准色谱峰的保留时间相比较，相差应在 ±0.05 min 之内。阳性试
样需更换 C8 柱进行定性确认。

10.2 结果计算

试样中各农药残留量按公式（1）计算。

$$\omega = \frac{V_1 \times V_3}{V_2 \times m} \times C \tag{1}$$

式中：

ω——试样中被测物残留量，单位为毫克每千克（mg/kg）；

V_1——提取溶剂总体积，单位为毫升（mL）；

V_2——提取液分取体积，单位为毫升（mL）；

V_3——样品溶液定容体积，单位为毫升（mL）；

m——试样的质量，单位为克（g）；

C——样品溶液中被测物的浓度，单位为毫克每升（mg/L）。

计算结果应扣除空白值，计算结果以重复性条件下获得的两次独立测定结果的算术平均值表示，保留2位有效数字。当结果大于1 mg/kg时，保留3位有效数字。

11 精密度

11.1 在重复性条件下，获得的两次独立测试结果的绝对差值不得超过重复性限（r），见附录I。

11.2 在再现性条件下，获得的两次独立测试结果的绝对差值不得超过再现性限（R），见附录I。

12 其他

本方法对木耳中4种氨基甲酸酯类农药及其代谢物残留定量限见附录G。

附录 A

（资料性）

15 种有机磷类农药标准品中文与英文名称、溶剂、组别、保留时间及方法定量限

15 种有机磷类农药标准品中文与英文名称、溶剂、组别、保留时间及方法定量限，见表 A.1。

表 A.1 15 种有机磷类农药标准品中文与英文名称、溶剂、组别、保留时间及方法定量限

序号	农药中文名	农药英文名	溶剂	组别	保留时间（min）		定量限（mg/kg）	
					A 柱	B 柱	鲜木耳	干木耳
1	乙酰甲胺磷	acephate	丙酮	I	4.767	7.645	0.01	0.2
2	甲拌磷	phorate	丙酮	I	6.515	8.595	0.008	0.1
3	二嗪磷	diazinon	丙酮	I	7.366	9.461	0.008	0.1
4	毒死蜱	chlorpyrifos	丙酮	I	8.937	12.976	0.008	0.1
5	马拉硫磷	malathion	丙酮	I	9.254	12.385	0.01	0.2
6	甲基异柳磷	isofenphos-methyl	丙酮	I	9.841	13.930	0.008	0.1
7	丙溴磷	profenofos	丙酮	I	11.426	15.691	0.01	0.2
8	三唑磷	triazophos	丙酮	I	12.877	19.330	0.004	0.05
9	甲胺磷	methamidophos	丙酮	II	3.780	5.662	0.004	0.05
10	氧乐果	omethoate	丙酮	II	5.650	9.474	0.008	0.1
11	乐果	dimethoate	丙酮	II	6.578	11.194	0.008	0.1
12	甲基对硫磷	Parathion-methyl	丙酮	II	8.093	12.554	0.008	0.1
13	杀螟硫磷	fenitrothion	丙酮	II	8.658	13.176	0.008	0.1
14	亚胺硫磷	phosmet	丙酮	II	14.780	22.187	0.02	0.3
15	伏杀硫磷	phosalone	丙酮	II	16.259	23.171	0.02	0.3

附录 B

（资料性）

15 种有机磷类农药混合标准溶液色谱图

15 种有机磷类农药混合标准溶液色谱图，见图 B.1～B.2。

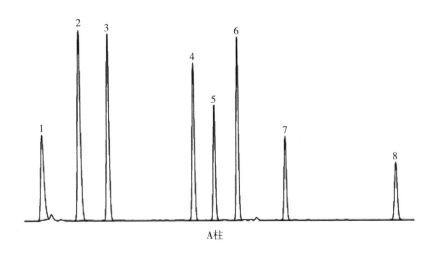

A柱

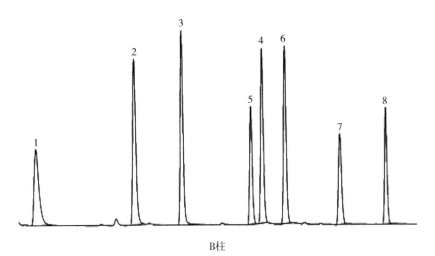

B柱

1—乙酰甲胺磷；2—甲拌磷；3—二嗪磷；4—毒死蜱；5—马拉硫磷；6—甲基异柳磷；
7—丙溴磷；8—三唑磷。

图 B.1　第 Ⅰ 组有机磷类农药混合标准溶液色谱图

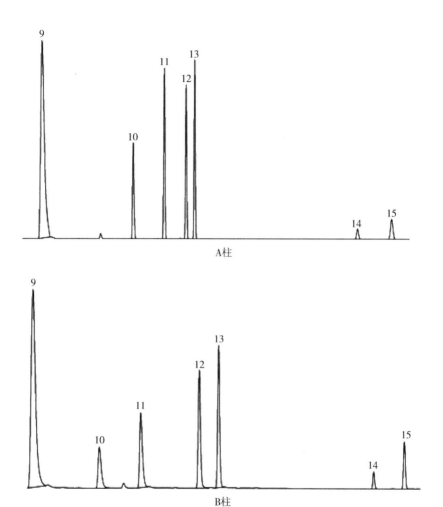

9—甲胺磷;10—氧乐果;11—乐果;12—甲基对硫磷;13—杀螟硫磷;
14—亚胺硫磷;15—伏杀硫磷。

图 B.2 第Ⅱ组有机磷类农药混合标准溶液色谱图

附录 C

（资料性）

木耳中 15 种有机磷类农药精密度数据表

木耳中 15 种有机磷类农药精密度数据表，见表 C.1。

表 C.1　木耳中 15 种有机磷类农药精密度数据表

序号	农药中文名	鲜木耳						干木耳					
		重复性限 r			再现性限 R			重复性限 r			再现性限 R		
		0.02 mg/kg	0.1 mg/kg	0.5 mg/kg	0.02 mg/kg	0.1 mg/kg	0.5 mg/kg	0.5 mg/kg	1.0 mg/kg	5.0 mg/kg	0.5 mg/kg	1.0 mg/kg	5.0 mg/kg
1	乙酰甲胺磷	0.003 8	0.010 6	0.052 7	0.004 6	0.020 7	0.090 0	0.077 5	0.018 7	0.220 0	0.018 6	0.020 7	0.192 7
2	甲拌磷	0.003 2	0.008 7	0.035 1	0.005 1	0.017 8	0.103 5	0.066 3	0.016 2	0.185 1	0.010 1	0.037 8	0.303 5
3	二嗪磷	0.004 0	0.007 4	0.038 4	0.006 3	0.019 3	0.081 2	0.005 1	0.017 4	0.168 4	0.009 3	0.029 3	0.301 2
4	毒死蜱	0.002 9	0.005 4	0.018 8	0.004 8	0.017 8	0.060 2	0.007 1	0.015 4	0.300 8	0.017 8	0.027 8	0.293 3
5	马拉硫磷	0.003 3	0.006 2	0.033 1	0.005 9	0.012 7	0.071 1	0.009 6	0.021 6	0.191 1	0.008 2	0.022 7	0.288 1
6	甲基异柳磷	0.003 8	0.008 1	0.023 7	0.006 5	0.011 9	0.049 8	0.006 9	0.018 1	0.163 7	0.017 5	0.021 9	0.279 8
7	丙溴磷	0.003 7	0.006 5	0.032 8	0.004 1	0.013 4	0.056 6	0.010 7	0.016 5	0.210 6	0.012 1	0.023 4	0.292 8
8	三唑磷	0.003 9	0.089 9	0.026 1	0.004 4	0.011 0	0.063 3	0.004 8	0.009 9	0.186 1	0.009 4	0.021 0	0.263 7

续表

序号	农药中文名	鲜木耳						干木耳					
		重复性限 r			再现性限 R			重复性限 r			再现性限 R		
		0.02 mg/kg	0.1 mg/kg	0.5 mg/kg	0.02 mg/kg	0.1 mg/kg	0.5 mg/kg	0.5 mg/kg	1.0 mg/kg	5.0 mg/kg	0.5 mg/kg	1.0 mg/kg	5.0 mg/kg
9	甲胺磷	0.004 1	0.009 0	0.019 4	0.006 7	0.017 7	0.039 6	0.008 9	0.021 8	0.169 4	0.015 7	0.027 7	0.299 6
10	氧乐果	0.005 2	0.008 7	0.030 6	0.006 4	0.026 8	0.051 2	0.006 2	0.018 7	0.130 6	0.010 3	0.036 8	0.291 2
11	乐果	0.004 8	0.009 9	0.016 1	0.007 3	0.027 4	0.068 9	0.005 0	0.013 0	0.206 1	0.009 3	0.037 4	0.328 9
12	甲基对硫磷	0.003 9	0.006 9	0.021 7	0.006 8	0.012 8	0.070 2	0.003 8	0.016 9	0.211 7	0.008 8	0.022 8	0.230 2
13	杀螟硫磷	0.004 3	0.008 7	0.031 4	0.006 6	0.013 1	0.043 9	0.004 6	0.018 7	0.231 4	0.009 6	0.023 1	0.293 9
14	亚胺硫磷	0.005 8	0.011 2	0.016 2	0.009 0	0.031 1	0.049 6	0.005 7	0.018 2	0.230 1	0.009 9	0.021 1	0.319 6
15	伏杀硫磷	0.005 2	0.013 3	0.018 9	0.008 6	0.046 6	0.056 3	0.008 8	0.020 3	0.300 9	0.011 6	0.030 6	0.296 3

附录 D
（资料性）

17 种有机氯和拟除虫菊酯类农药标准品中文与英文名称、溶剂、组别、保留时间及方法定量限

17 种有机氯和拟除虫菊酯类农药标准品中文与英文名称、溶剂、组别、保留时间及方法定量限见表 D.1。

表 D.1 17 种有机氯和拟除虫菊酯类农药标准品中文与英文名称、溶剂、组别、保留时间及方法定量限

序号	农药中文名	农药英文名	溶剂	组别	保留时间（min） A柱	保留时间（min） B柱	定量限（mg/kg） 鲜木耳	定量限（mg/kg） 干木耳
1	α-666	α-BHC	正己烷	I	7.206	9.596	0.0001	0.002
2	β-666	β-BHC	正己烷	I	7.932	10.974	0.0002	0.003
3	γ-666	γ-BHC	正己烷	I	8.122	11.877	0.0001	0.002
4	δ-666	δ-BHC	正己烷	I	8.792	12.651	0.0001	0.002
5	异菌脲	iprodione	正己烷	I	18.031	21.331	0.0005	0.007
6	氟氯氰菊酯-1	cyfluthrin-1	正己烷	I	22.263	25.891	0.0007	0.009
	氟氯氰菊酯-2	cyfluthrin-2			22.43	26.148	0.0005	0.007
	氟氯氰菊酯-3	cyfluthrin-3			22.572	26.412	0.0007	0.009
	氟氯氰菊酯-4	cyfluthrin-4			22.635	——	0.0007	0.009
7	氟氰戊菊酯-1	flucythrinate-1	正己烷	I	23.242	27.665	0.0005	0.007
	氟氰戊菊酯-2	flucythrinate-2			23.638	28.413	0.0006	0.008

续表

序号	农药中文名	农药英文名	溶剂	组别	保留时间（min） A柱	保留时间（min） B柱	定量限（mg/kg） 鲜木耳	定量限（mg/kg） 干木耳
8	氰戊菊酯-1	fenvalerate-1	正己烷	I	24.678	31.215	0.0005	0.007
	氰戊菊酯-2	fenvalerate-2	正己烷	I	25.187	32.267	0.0001	0.002
9	溴氰菊酯	deltamethrin	正己烷	II	26.618	36.322	0.001	0.02
10	五氯硝基苯	pentachloronitrobenzene	正己烷	II	8.265	10.905	0.0001	0.002
11	百菌清	chlorothalonil	正己烷	II	8.935	13.168	0.0001	0.002
12	腐霉利	procymidone	正己烷	II	13.047	15.978	0.0004	0.006
13	联苯菊酯	bifenthrin	正己烷	II	18.492	19.992	0.0004	0.006
14	甲氧菊酯	fenpropathrin	正己烷	II	18.640	21.234	0.0004	0.006
15	高效氯氟氰菊酯	cyhalothrin	正己烷	II	20.136	21.994	0.0002	0.003
16	氯氰菊酯-1	cypermethrin-1	正己烷	II	22.804	27.212	0.0008	0.009
	氯氰菊酯-2	cypermethrin-2			22.991	27.546	0.0006	0.008
	氯氰菊酯-3	cypermethrin-3			23.138	27.836	0.001	0.02
	氯氰菊酯-4	cypermethrin-4			23.200	——	0.001	0.02
17	氟胺氰菊酯-1	tau－fluvalinate-1	正己烷	II	25.245	29.358	0.0005	0.008
	氟胺氰菊酯-2	tau－fluvalinate-2			25.419	29.759	0.0006	0.008

141

附录 E

（资料性）

17 种有机氯和拟除虫菊酯类农药混合标准溶液色谱图

17 种有机氯和拟除虫菊酯类农药混合标准溶液色谱图，见图
E.1～E.2。

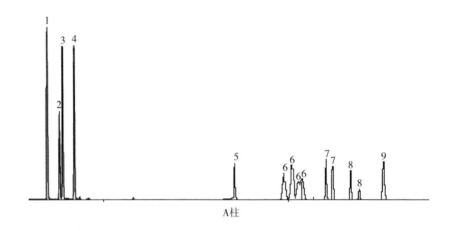

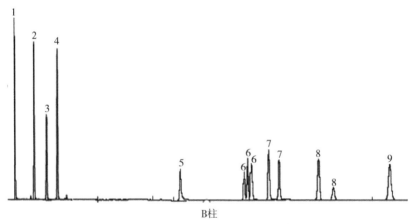

1— α-666；2— β-666；3— γ-666；4— δ-666；5—异菌脲；6—氟氯氰菊酯；
7—氟氯戊菊酯；8—氰戊菊酯；9—溴氰菊酯。

图 E.1　第 I 组有机氯和拟除虫菊酯类农药混合标准溶液色谱图

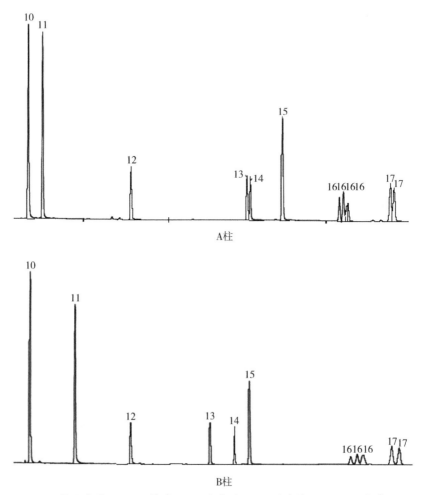

10—五氯硝基苯；11—百菌清；12—腐霉利；13—联苯菊酯；14—甲氰菊酯；
15—高效氯氟氰菊酯；16—氯氰菊酯；17—氟胺氰菊酯。

图 E.2　第Ⅱ组有机氯和拟除虫菊酯类农药混合标准溶液色谱图

附录 F
（资料性）
木耳中 17 种有机氯和拟除虫菊酯类农药精密度数据表

木耳中 17 种有机氯和拟除虫菊酯类农药精密度数据表，见表 F.1。

表 F.1　木耳中 17 种有机氯和拟除虫菊酯类农药精密度数据表

序号	农药中文名	鲜木耳						干木耳					
		重复性限 r			再现性限 R			重复性限 r			再现性限 R		
		0.02 mg/kg	0.1 mg/kg	0.5 mg/kg	0.02 mg/kg	0.1 mg/kg	0.5 mg/kg	0.05 mg/kg	0.1 mg/kg	1.0 mg/kg	0.05 mg/kg	0.1 mg/kg	1.0 mg/kg
1	α-666	0.002 9	0.007 2	0.015 6	0.004 1	0.012 8	0.032 3	0.004 3	0.009 1	0.068 4	0.006 3	0.016 2	0.104 3
2	β-666	0.003 1	0.008 3	0.018 3	0.005 3	0.011 7	0.029 9	0.004 5	0.009 6	0.053 1	0.006 8	0.019 1	0.110 8
3	δ-666	0.003 7	0.007 9	0.009 8	0.005 6	0.014 3	0.027 1	0.005 1	0.008 8	0.066 2	0.006 6	0.012 6	0.097 1
4	ε-666	0.003 1	0.007 3	0.010 4	0.004 7	0.010 8	0.020 8	0.004 4	0.008 2	0.066 1	0.007 9	0.013 5	0.106 9
5	联苯菊酯	0.003 9	0.008 1	0.027 6	0.005 8	0.012 5	0.022 5	0.005 6	0.007 9	0.096 3	0.008 1	0.014 0	0.116 5
6	氟氯氰菊酯	0.002 7	0.005 7	0.018 8	0.005 1	0.014 6	0.025 2	0.003 9	0.006 1	0.102 8	0.007 3	0.016 6	0.122 3
7	氟氯戊菊酯	0.003 3	0.006 3	0.026 4	0.004 9	0.013 2	0.022 9	0.004 9	0.009 8	0.094 6	0.008 9	0.015 9	0.149 2
8	氰戊菊酯	0.003 9	0.006 6	0.024 6	0.006 3	0.020 1	0.027 3	0.005 5	0.008 6	0.084 6	0.007 9	0.013 3	0.113 1

续表

序号	农药中文名	鲜木耳						干木耳					
		重复性限 r			再现性限 R			重复性限 r			再现性限 R		
		0.02 mg/kg	0.1 mg/kg	0.5 mg/kg	0.02 mg/kg	0.1 mg/kg	0.5 mg/kg	0.05 mg/kg	0.1 mg/kg	1.0 mg/kg	0.05 mg/kg	0.1 mg/kg	1.0 mg/kg
9	溴氰菊酯	0.006 8	0.009 4	0.035 8	0.005 7	0.015 7	0.028 7	0.007 7	0.010 4	0.090 7	0.009 1	0.016 8	0.140 8
10	五氯硝基苯	0.004 5	0.008 8	0.037 4	0.006 4	0.016 0	0.024 3	0.006 8	0.009 8	0.097 4	0.008 3	0.014 4	0.116 6
11	百菌清	0.004 4	0.006 9	0.026 6	0.006 3	0.019 1	0.030 0	0.006 8	0.008 9	0.086 8	0.009 8	0.012 0	0.107 0
12	异菌脲	0.005 9	0.008 2	0.031 9	0.006 1	0.017 7	0.024 1	0.006 2	0.009 2	0.096 9	0.009 0	0.017 2	0.148 5
13	三氯杀螨醇	0.006 6	0.009 3	0.033 1	0.006 9	0.016 8	0.025 4	0.006 9	0.011 3	0.099 6	0.009 5	0.017 8	0.151 3
14	甲氰菊酯	0.003 3	0.005 8	0.019 9	0.004 5	0.014 5	0.020 8	0.005 1	0.007 8	0.101 2	0.079	0.016 5	0.140 6
15	高效氯氟氰菊酯	0.003 9	0.007 4	0.024 1	0.005 4	0.016 1	0.022 6	0.005 7	0.009 6	0.098 3	0.008 1	0.018 2	0.129 9
16	氯氰菊酯	0.004 6	0.008 7	0.037 7	0.006 9	0.017 1	0.033 5	0.005 8	0.011 7	0.061 5	0.009 4	0.020 1	0.155 8
17	氟胺氰菊酯	0.004 3	0.007 9	0.035 2	0.005 5	0.015 2	0.028 3	0.004 9	0.008 9	0.055 2	0.006 7	0.019 3	0.139 0

附录 G
（资料性）
4 种氨基甲酸酯类农药标准品中文与英文名称、溶剂、
保留时间及方法定量限

4 种氨基甲酸酯类农药标准品中文与英文名称、溶剂选择、保留时间及方法定量限，见表 G.1。

表 G.1　4 种氨基甲酸酯类农药标准品中文与英文名称、溶剂选择、保留时间及方法定量限

序号	农药中文名	农药英文名	溶剂	保留时间（min）	定量限（mg/kg）	
					鲜木耳	干木耳
1	3-羟基克百威	3-hydroxycarbofuran	甲醇	7.871	0.004	0.05
2	涕灭威	aldicarb	甲醇	9.524	0.005	0.07
3	克百威	carbofuran	甲醇	12.478	0.006	0.08
4	甲萘威	carbaryl	甲醇	14.252	0.006	0.08

附录 H
（资料性）
4 种氨基甲酸酯类农药混合标准溶液色谱图

4 种氨基甲酸酯类农药混合标准溶液色谱图，见图 H.1。

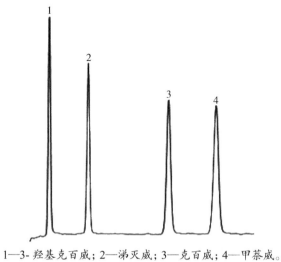

1—3- 羟基克百威；2—涕灭威；3—克百威；4—甲萘威。

图 H.1　4 种氨基甲酸酯类农药混合标准溶液色谱图

附录 I

（资料性）

木耳中 4 种氨基甲酸酯类农药精密度数据表

木耳中 4 种氨基甲酸酯类农药精密度数据表，见表 I.1。

表 I.1　木耳中 4 种氨基甲酸酯类农药精密度数据表

序号	中文名	鲜木耳						干木耳					
		重复性限 r			再现性限 R			重复性限 r			再现性限 R		
		0.01 mg/kg	0.05 mg/kg	0.5 mg/kg	0.01 mg/kg	0.05 mg/kg	0.5 mg/kg	0.05 mg/kg	0.1 mg/kg	0.5 mg/kg	0.05 mg/kg	0.1 mg/kg	0.5 mg/kg
1	3-羟基克百威	0.003 3	0.004 6	0.017 8	0.004 4	0.005 6	0.062 3	0.005 5	0.006 8	0.026 0	0.008 1	0.010 7	0.066 4
2	涕灭威	0.004 6	0.006 9	0.027 7	0.006 8	0.007 5	0.065 0	0.006 8	0.007 4	0.019 8	0.007 2	0.009 8	0.067 3
3	克百威	0.004 2	0.004 2	0.021 5	0.005 1	0.008 2	0.050 5	0.005 2	0.005 9	0.024 3	0.006 3	0.006 9	0.059 5
4	甲萘威	0.028	0.005 1	0.020 3	0.003 9	0.006 6	0.069 8	0.006 3	0.006 6	0.021 5	0.007 9	0.008 5	0.071 0